気候変動と
国内排出許可証取引制度

Climate Change and
Domestic Emissions Trading Systems

田中彰一 著

気候変動と国内排出許可証取引制度

田中彰一　［著］

はじめに

　この本の著者である息子田中彰一は、2003年12月11日病没致しました。28歳の誕生日を迎えて約一ヵ月後でありました。
　彰一は当時、関西学院大学総合政策研究科博士課程に在籍中で、環境経済学の研究に励んでおりました。関西学院大学名誉教授天野明弘先生のご指導の下に修士論文を完成させた後、いくつかの論文を上梓し始めたばかりでした。本書はそれらの研究成果をまとめたものです。著者本人はすでに亡くなっており、父親である私が本人に代わってご挨拶させて頂く事と致しました。

　本書は、彰一が研究テーマとして選んだ温室効果ガス排出削減の為の、排出許可証取引制度についての論考を中心としています。皆様もご存知のように、2005年2月16日に京都議定書が発効するに至り、遂に日本は先進工業国としての環境保護の義務と責任を果たさなければならなくなりました。排出許可証取引制度は、これらの義務を遂行するにおいて、重要な国内政策手段の一つであると位置づけられております。この制度の先進国としてイギリスやデンマークがすでに運用を開始していますが、我が国においても政府の重要施策として種々の研究がすすめられ、特定の民間企業においてもビジネス可能性の検討がなされるに至りました。
　これらの諸制度について、私が承知しているのはここらあたりまでです。本書は彰一の研究の流れにそった形で論稿が整理されております。皆様方には順に読み進めて頂く事によって、その成果についてご理解を得て頂ければと願うものです。

息子は環境政策に強い関心を持ち、大学院入学と同時にこの分野に深く傾倒していきました。修士・博士課程を通じて関西学院大学名誉教授天野明弘先生や、同校教授高畑由起夫先生のご指導と強い影響を受け、数年の間に憑かれたように外国文献を読み進め、論文執筆に専念してまいりました。息子は常に一貫したテーマを追っておりましたが、とくに環境先進国である英国に注目するようになり、その政策研究に時間を忘れて取り組み、それらを日本の政策に導入する事を夢見ていたのであります。

　これら数編の論文の編集作業に対しては、天野先生と高畑先生から惜しみないご支援をいただきました。また、発刊にあたっては、関西学院大学の井上琢智教授や久保田哲夫教授方々、そして学友中尾悠利子さんの心暖まるご協力をいただきました。

　彰一の仕事が、このような体系だった一冊の書物になった事は嬉しい驚きでございます。願わくは、本書が今後この分野を研究される皆様に少しでも資する事ができれば、著者の遺稿が意義あるものとして生き続けることとなり、ひいては天野先生や高畑先生はじめ、息子を指導育成して頂いた他の多くの先生方に報いることができるというものでございます。この場をお借り致しまして、天野先生・高畑先生はじめ他の多くの先生方や院生の方々に感謝と御礼を申し上げます。

　本稿の出版によりまして、いずれ再会する息子にこの本の成果を話すことができれば、なんとか父親の威厳を保てるというものでございます。その時息子彰一は、破顔一笑、いつもの爽やかな笑顔を私に向けてくれるでありましょう。

　　　2006 年 10 月

　　　　　　　　　　　　　　　　　　　　　　　　　田中一行

気候変動と国内排出許可証取引制度　目　次

はじめに　　iii

第1部　国内排出許可証取引制度の構築

第1章　排出許可証取引制度（Emissions Trading System）……3
第1節　はじめに　3
第2節　排出許可証取引制度の概要　4

第2章　排出許可証取引制度の実例……6
第1節　はじめに　6
第2節　排出許可証取引制度の基本的知識　6
第3節　取引の実例　10
第4節　SO_2取引についての考察　16

第3章　国内排出許可証取引制度の構築に向けて……28
第1節　京都メカニズムとのリンク　28
第2節　国内の現状　37
第3節　国内排出許可証取引制度構築に向けて　43
参考文献　57

第2部　英国気候変動政策に学ぶ

第4章　英国排出削減奨励金配分メカニズム……65
第1節　はじめに　65
第2節　英国気候変動政策の概要　66
第3節　協定参加者と直接参加者　67
第4節　排出削減奨励金配分メカニズム　69

第5節　下降クロック型オークションのルール　72
　　第6節　下降クロック型オークションの特徴　75
　　第7節　おわりに　76
　　参考文献　77

第5章　英国気候変動政策の環境効果と費用負担 80
　　第1節　はじめに　80
　　第2節　英国気候変動税の概要　81
　　第3節　国内排出取引制度の概要　83
　　第4節　気候変動税と自主協定ならびに排出取引　85
　　第5節　国内排出取引制度と排出削減助成金　88
　　第6節　英国気候変動政策の特徴とわが国への示唆　92
　　付　録　英国の温室効果ガス排出量　96

第6章　政策パッケージによる費用負担軽減と環境目標の達成 97
　　第1節　はじめに　97
　　第2節　英国気候変動政策の概要　99
　　第3節　政策パッケージにおける政策手法の組み合わせ　104
　　第4節　英国気候変動政策の特徴と問題点　107
　　第5節　日本の現状　108
　　第6節　わが国の国内政策への示唆　111
　　参考文献　113

後　記　　117
索　引　　121

第1部

国内排出許可証取引制度の構築

第1章　排出許可証取引制度
　　　（Emissions Trading System）

第1節　はじめに

　1997年に京都で開かれたCOP3（気候変動に関する国際連合枠組条約第三回締約国会議）において、日本は1990年レベルでの温室効果ガスの排出量から6%の削減が義務づけられた。日本国内の対策があまり具体的に進んでいない中で、実際に世界レベルでの地球温暖化対策は本格化している。議定書によると、各国の数量コミットメントは各国それぞれの方法で削減することになっている。議定書の第一約束期間は2008年からとなっているが、実際には2008年までにどれだけ削減できるかが、今後その国の排出削減対策の成功のカギを握っていることは確かである。すでに英国など排出許可証取引制度を実施することが決まっている国や、具体的なコンサルテーション・ペーパーを示し、広く国内で議論している附属書I国が多い中、日本の方向性は一向に固まっていないのが現状である。また、経団連を中心とした反対も根強い。しかし、IPCC（気候変動に関する政府間パネル）は気温上昇による海面上昇、森林の砂漠化、難病の増加など深刻な被害をレポートしている。その報告の中で二酸化炭素の温暖化への寄与が大きいこともはっきりしてきた。そして、COP6では日本を始め、議定書の発効に向けて取り組みを進めることが決定された。自国で排出削減を行うには、より経済にダメージを少なくする費用効果的な政策が必要となってくる。

第2節　排出許可証取引制度の概要

　環境税とならぶ経済的手段の1つの手法として、近年注目を浴びているものに、排出許可証取引制度がある。この制度は、複数の汚染者の排出総量に限度を設けて、相当する量の許可証を発行し、無償配分または競売にかけて排出主体に配分する。許可証は自由に売買が可能で、排出主体は配分または市場からの購入により得た許可証と、自らの排出量とを遵守期間に一致させて提出する義務を負う。排出量が多い主体は、排出量の少ない、あるいは排出量を削減することに成功し、許可証を余分に持っている主体から許可証を購入することにより、限界汚染削減費用を社会全体で同一にすることが可能となる。許可証には価格が付くため、排出主体は許可証を市場で調達するか、自らで汚染削減技術に投資し排出を抑制するか、コストの安い方法を選択することになる。炭素税での税率の定義と類似しており、技術革新を進めることができる。また、最初にキャップ[1]として直接規制をかけた上で取引を行うことによって、限界汚染削減費用を社会全体で効率よく配分することが可能になるので、直接規制より費用節約を実現することができる。つまりこれは外部費用に価格が付けられたことになる。だが政府は、許可証の価格を設定したり、適切なところに誘導する必要はない。なぜなら価格は市場が自動的に決めてくれるからである。また環境基準が変化した場合、それに合わせて許可証の数を調整できるという柔軟性を持っている。目標が厳しすぎる場合、許可証を市場に追加し、逆に甘い場合には政府もしくは環境団体や、関心のある市民が市場に参入し許可証を購入すると、実質的に社会全体での排出できる量を減らすことができる。

---

1)　最初に総量規制を行うことを指す。京都議定書は、附属書Ⅰ国（先進国の批准国を指す。第3章参照）全体に排出量の総量規制を行う。よって日本国内も総量規制を行うことによって、確実に削減を図ることができるようになる。キャップの有効性は第2章第4節参照。

第1章　排出許可証取引制度（Emissions Trading System）

　逆にこの政策を行う際に起こる主な経済的問題点として、1つ目に初期に許可証を配分する時に、排出主体間には限界汚染削減費用や今までの取組みに差があるので、公平性を考慮しない配分方式を用いることは、排出主体の経営を考えると現実的ではないであろうことがあげられる。配分の問題は所得再配分と言っても過言ではないので慎重に行う必要がある。2つ目に、排出を抑制させる主体にキャップをかけるために、全ての排出主体に対してモニタリング、つまり排出の監視を行う必要が生じてくる。正確なモニタリングが行われないと、市場の信頼を失ってしまうばかりか、排出量をその分だけ増やしてしまうことにつながるので重要な事項である。さらに、モニタリングのためのコストがどれだけかかるかということも大きな問題である。

　排出許可証取引制度が抱える問題点は、この後、具体的な制度案を述べる第2、3章で詳しく議論することとして、ここで重要なのは、排出許可証取引制度が最初に規制に基づいた排出量を確保でき、さらに市場メカニズムを利用することによって、実際に削減を費用有効的に行える手段であるということである。さらに技術革新が促されることによって実際の汚染者が、自ら削減を行うことが可能になるのである。

第2章　排出許可証取引制度の実例

第1節　はじめに

　前章では、地球温暖化対策を採る根拠や、従来型の直接規制や代表的な経済的手法の炭素税と排出許可証制度を比較し、理論の上で許可証取引制度が、費用効果的に環境基準を達成できることを証明した。次に第2章では、具体的に取引制度を理解するための基本的な知識を整理したのち、前半ではアメリカやニュージーランドで行われているいくつかの取引制度を紹介し、今後への参考点をあげる。そして後半では京都議定書の国際排出許可証取引制度の基となっているアメリカ SO_2 取引を取り上げ、第3章で論じる日本国内排出許可証取引制度の制度設計の指針とする。

第2節　排出許可証取引制度の基本的知識

2.1. 基本用語

　許可証取引制度の実例を検証する前に、基本的な用語を表2.1に示す。

表2.1 排出許可証取引制度の基本用語一覧

用　語	意味・定義	英語表現
相対取引	特定の売り手と買い手が直接相対して、又はブローカー等を介して行う個別交渉の取引	negotiated transaction
オークション	公開入札、あるいは競売。政府等が許可証を公開入札等により販売すること	auction
カバーする範囲	国内排出許可証取引制度で対象とする範囲のことであり、通常は我が国全体の温室効果ガスの排出総量に占める比率のことを指す	coverage

第2章 排出許可証取引制度の実例

用　語	意味・定義	英語表現
下流部門	基本的に汚染物質を排出している部門	downstream
キャップ・アンド・トレード	排出枠を設定し、設定された主体の間で、許可証の一部の移転（又は獲得）を認める排出許可証取引のこと	cap & trade
京都メカニズム	京都議定書において、国際的に協調して数値目標を達成するための制度として導入された仕組みであり、①排出許可証取引、②共同実施（JI: Joint Implementation）、③クリーン開発メカニズム（CDM: Clean Development Mechanism）のこと。柔軟措置ともいう	Kyoto mechanism, flexibility mechanism
グランドファーザリング	実績按分。許可証の交付対象主体の、過去の特定年あるいは特定期間における汚染物質の排出等の量の実績を基準として、交付する許可証の量を決定すること。基本的には無償でも交付することが考えられる。グランドペアレンティングということもある	grandfathering, grandparenting
交付	許可証取引を行うときに、個々の交付の対象となっている排出主体に許可証を配布すること	allocation
交付対象主体	許可証取引制度において汚染物質の排出等の量に見合った許可証を保有しておく義務を有し、許可証の交付対象になる主体	—
交付方法	個々の交付対象主体に対する交付量の決定方法。代表的な方法としてグランドファーザリング、オークション、原単位目標等がある	—
サブトラクション	ある遵守期間中に、保有する許可証の量を超過して排出等した量について、ペナルティを加えた分を、次期の交付量から差し引くこと	subtraction
上流部門	基本的に汚染物質を排出しないが、汚染物質の発生源の生産、輸入もしくは販売を行っている部門	—
遵守期間	トラッキング、モニタリング、マッチングの対象となる一定期間（1年もしくは複数年が想定される）	—
総排出枠	キャップをかけたときの総排出量の上限	assigned amount
対象ガス	国内排出許可証取引制度で対象とする温室効果ガスのこと	—
調整期間	遵守期間内の排出等の量が排出枠を超過していても、すぐに法的措置を課したり、罰則を科すのではなく、一定の期間を設け、その間に超過分の許可証を獲得すれば義務を遵守したとみなす場合の、「一定の期間」のこと	true up period, grace period
トラッキング	許可証の保有、移動の把握をすること。許可証の売買に伴い、個々の交付対象主体の許可証保有量が増減するが、この変動状況について正確に把握すること	tracking
取引所取引	取引所会員を通じて不特定多数の売り手と買い手により（匿名の）競争売買を行う取引	—
排出等	汚染物質あるいは温室効果ガスの発生源の生産、輸入もしくは販売	—
許可証	ある遵守期間内の汚染物質等の排出の発生源の生産量、輸入量もしくは販売量（排出等の量）に見合った量を保有していなければならないもの。英語では許可証の総量を quota、取引を行う許可証の一部を permit と区別している場合もある	quota, permit, allowance, entitlement

用　語	意味・定義	英語表現
発行	国が排出許可証取引制度における排出枠の総量を求めて、いわば排出等のための許可証として有効化すること	issue
ハイブリッド	上流部門と下流部門の両方に許可証を交付すること	hybrid
バンキング	遵守期間の期末に保有していた許可証の数が、遵守期間内に必要な許可証の数を上回っていた場合に、余剰となった許可証について、次の遵守期間での使用（もしくは販売）を可能にすること	banking
ベースライン・アンド・クレジット	温室効果ガスの排出削減事業等を実施し、事業がなかった場合に比べた温室効果ガスの排出削減量をクレジットとして認定し、このクレジットを取引する制度	baseline & credit
マッチング	温室効果ガス等の量の照合及び無効化。遵守期間の期末において、遵守期間内の実際の温室効果ガス排出等の量と、その時点で保有する許可証の数を照合し、排出量に見合った許可証を保有しているかどうかを確認するとともに、許可証の数に見合った許可証を無効化すること	matching
モニタリング	排出等の量の把握。遵守期間内の個々の交付主体の排出等の量を正確に把握すること	monitoring
約束期間	京都議定書においては、附属書Iの各締約国が温室効果ガスの排出量について総排出枠を超過しないことを確保する期間。具体的には、2008年～2012年	commitment period
レジストリー	登録簿。排出枠の保有状況を記録した言わば台帳。一般的には、公的な機関等が電子的に管理することが想定される	registry
CER	京都議定書において、途上国（非附属書I締約国）において実施された温室効果ガスの排出削減事業から生じた削減分	Certified Emission Reduction
ERU	京都議定書において、先進国間、とくに市場経済移行国との間で、温室効果ガスの排出削減事業を実施し、その結果生じた削減単位のこと	Emission Reduction Unit

出所：環境省 排出量取引に係る制度設計検討会（2000），
「我が国における国内排出量取引制度について」pp. 54-55 を参考に作成

2.2. キャップ＆トレードとベースライン＆クレジット

　排出許可証取引制度には、キャップ＆トレードとベースライン＆クレジットの2つがある。キャップ＆トレードとは、一定の期間の間に排出できる総量が決められており、制度に参加した排出主体は、保有している許可証を自由に売買することができる。しかし、定められた遵守期間の最後の調整期間に、自分が排出した量と同じ量の許可証を政府に提出する義務がある。よって制度がカバーしている部門の排出総量目標達成は、原則達成される。許可証（ここでの許可証はアラウアンスと呼ばれる）の配分方

法は、無償配分（グランドファーザリング）と競売方式（オークション）の2つが考えられ[2]、グランドファーザリングでは、アラウアンスが実績按分によって参加者に配分される。この狙いは過去に自主的に排出の抑制に取り組んできた主体や、限界汚染削減費用が高くすぐに規制をクリアできる状況ではない主体に対して行われる。対してオークションでは、これから削減に取り組む主体を対象に行われる。配分された排出許可証は、ゼロから許可される上限までが取引可能である。この2つの配分方式を組み合せる[3]ことによって公平性を保てることから、市場への参加を促すことが期待されることになる。

　もう1つの許可証取引はベースライン[4]＆クレジットと呼ばれる。この方式では、各参加者に対して最初にその参加者の過去の実績、活動量の増加に伴う排出量の成長などで将来の排出を測定し、基準となるベースライン排出量の設定[5]が行われ、定められた期間の間に排出量の削減を、プロジェクトの実施によってベースラインより下回ることが目標となる。約束期間の終わりにベースラインより実際下回った分は、許可証（ここではクレジット）として売買も認められる。逆にベースラインを上回った場合には、他の参加者からクレジットの購入が必要となる。この方式の利点は協議が成立した時点でクレジットが発行されるため、市場への参加を主体に促しやすい点にある。しかし、排出目標達成への担保ができないという問題点[6]も抱えることになる。なぜなら、各参加者が将来削減目標を達成できないこともありうるからである。

---

[2]　その他の排出枠の交付方法として、政府が個別に各主体と交渉して決める方法や、政府が業界単位で交付量を決定し、各個別主体への交付量の決定については各業界に任せる段階的な方法も考えられる。

[3]　詳しくは第3章第3節。

[4]　あるいは原単位とも呼ばれる。

[5]　ベースラインの設定や具体的な手続きの順序の詳細を示した文献として、Department for Environment, Food and Rural Affairs（2001b）を参照。

[6]　ベースライン＆クレジットのクレジットはプロジェクトが削減を達成した時点で発行されるため、遵守期間中の取引は先物という形になりリスクが大きい、という問題も忘れてはならない。

第3節　取引の実例

3.1. 鉛取引制度

　米国の石油精製業における鉛取引制度は、比較的短期間で終了したが、初期の頃の許可証取引制度としては模範的な成功を遂げた例としてあげられる。この制度はEPAが73年から開始したもので、ガソリンに含まれる鉛の最大含有量を削減しようとする計画である。規制が行われるまでは、ガソリンのオクタン価[7]（対ノッキング[8]性指数、通常ガソリンは85、高級ガソリンは95以上）を高めるため、1ガロン当たり2グラム（上限としてEPAが1973年設定）の鉛が使用されていた。しかし、鉛への曝露は精神異常や心臓血管系の病気になりやすいというデータが集積されはじめ、血液中の鉛は、ガソリン中の鉛成分の変化と直接に、即座に連動していることもわかり、現状の政策では対応できていないことも明確になった。このような理由から、鉛の含有量を削減するとともに、無鉛ガソリンの使用を促進する政策が採られることになった。当初にいきなり厳しい規制を行うことは現実的ではないので、有鉛ガソリンと無鉛ガソリンの合計で規制がかけられたが、無鉛ガソリンの比重が高まるにつれて、ガソリン全体に含まれる鉛の量が下がるため、後に有鉛ガソリンのみが対象とされた。

　最初は四半期ベースで基準達成を監視することから始まったが、これは無意識のうちに、期間に関して「バブル」の総量規制的な考え方を適用していることになった。

　「バブル」が適用されているということは、各排出主体に対して、直接規制のように一律に環境基準を用いるのではなく、排出主体間での全体での平均的な達成を目標とすることになる。つまり、排出主体ごとの達成度に、差異が生まれることを認めるということになる。

---

7)　ガソリンでノッキング（エンスト）を起こしにくい度合を表わす数字。数字が大きいほど優秀で、「ハイオクタンガソリン」という。
8)　ノッキングとは、ガソリンエンジンで起こる燃料の異常爆発のこと。

規制が次第に厳しくなり、小規模な精製所が消滅したので、次いで精製所間の鉛の使用を効率的にするため、82年後半から83年前半にかけて、鉛使用権（Lead usage rights）の取引が開始された。つまり、基準を超過達成した場合不要な鉛使用権を精製技術の低い他の精製所に売却することが認められた。ガソリン産業では、各種のガソリンを混合することが行われていた。そのため主体間取引は日常茶飯事であったので、鉛使用権の取引がもたらす追加の取引費用はきわめて小さいものであったといわれている。

　EPAは、85年に鉛の含有基準を改定し、従来ガロン当たり1.1グラムであったものを85年第3四半期から同0.5グラム、また86年第1四半期からは同0.1グラムへと厳しくすることを決定した。そして1996年までには完全禁止を要求する。この段階的削減を果すためにEPAは、法で要求される水準を超えて削減を行う精製業者に対してクレジットを発行する制度を導入した。それと同時に、厳格な基準の達成を容易にするために、バンキング制度が導入された。主体は使用できたが実際には使用しなかった鉛の量を「銀行勘定」に「預金」できる。預金は85年中の4つの四半期内に行うことができ、その預金は86～87年に予定されている規制強化時に引き出して使うことができる。ただし、87年が過ぎると「預金」は無効になる。このバンキング制度の導入により、鉛使用権の有用性つまり市場価値が高まり、鉛使用権の取引量も急激に拡大したのだ。EPAの報告書によると1984年の第2四半期で、73％の精製業者が取引制度に参加している。結局この制度は、基準設定の厳しい直接規制の場合より2億2,000万ドルも費用が少なくてすみ、しかも、この節約があっても鉛削減の便益は同じであった。

　この取引が成功した要因として、
(1) 鉛削減計画そのものは、73年から開始されていたので、ガソリン中の鉛成分の監視（モニタリング）制度は従来から確立されていた直接規制の制度を十分利用できた。そのため、新たに対策費用をかける必要がなく費用最小化を行いやすかった。

(2) 基本的な環境目標に関する十分な合意が得られた段階で、この制度が導入されたこと。

の2点があげられる。

3.2. ニュージーランドの漁業割当

次に許可証取引制度は、魚の乱獲のような資源の過剰利用を規制するために用いることもできる。ここでも取引制度におけるモニタリングによる総数量規制の重要性は示されている。「ニュージーランド個人取引可能数量割当（ITQ）」は、1986年に導入された。オーストラリアもミナミクロマグロに対してこれを用い、南東のトロール漁業に対しても提案している。アメリカでは、バカガイ産業に導入した。

ニュージーランドのシステムでは、初期の割当はグランドファーザリングによって行われた（漁師は、過去の捕獲記録に関して異論を唱えることが許されていた）。次に、政府は、そのときの市場価格で割当量をいくらか買い戻し、総捕獲許可数を減らした。その後、最終的に総捕獲許可数に到達するのに必要な残りの削減量が、その市場価格の80％の固定価格で、市場にいる漁師から比例配分的に買い戻された。漁師は、他のニュージーランドの漁師に再度割当を売ることができる。また新たな参入者は、最低限の割当を受け取る。割当量と実際の捕獲数は毎月の月末に一致する。漁師は、割当量に対し政府に使用料を払う。外国の船を借りて漁を行うならば、使用料は2倍になる。漁獲はすでに監視されているので、ITQシステムには、追加的な行政負担の必要がほとんどなかった。

正確な魚のストックについての科学的情報が変化すると、総捕獲許可数は、かなり変化しなければならなかったにもかかわらず、ITQシステムはうまく機能した。割当量を総捕獲許可数のある割合にすることによって、政府は割当量を買い戻すのに多額の支出をせずにすんだのである。割当量の取引は、割当量売買の取引所（仲介の役割を行うブローカーがいる）によって簡便化されてきた。しかし実際は、大部分の取引は個人的に行われ、そして割当管理人に取引量が報告された。また、いくつかの奇妙なことが

生じた。トラッキングされていた割当の価格は、許可されている捕獲量で測った価値よりも高い時があった。また、同じ捕獲量に対する割当量の価格にはバラつきがあった。分析によると、これらの出来事は、自由に捕獲できる時期から制限された時期への移行期にみられるという。これは後に見る SO_2 取引でもみられる現象である。つまり約束期間の最後に調整期間前に許可証の調達が行われる結果だと考えられる。しかし、割当市場における情報と本質的な安定性、つまり、完全競争市場である状態が欠如していることも示された。それは「参入阻止価格づけ」も生じさせる可能性もある。これは、大企業が、新たな漁師の参入を阻止するために、割当量の価格を吊り上げることである（許可証取引制度にはよくある問題）。その他の問題としては、政府が割当使用料金を変えることに関する議論である。この場合、5年間料金を固定することによって解決されている。

ニュージーランドの例は、以下のことを示唆している。
(1) グランドファーザリングは、政治的に受け入れられやすい配分システムで、買戻しや比例的削減を行いやすい。
(2) 割当使用料金は、システムに対する予想の確実性をもたらすよう、最初に明確にし、維持しなければならない。

適切な監視システム（漁獲量記録）があるときは、制御は比較的簡単である。汚染の場合は、汚染物質を監視することは明らかに必要である。というのも、その結果、監視に大きな誤りが生じる場合でも、このシステムが多少なりとも機能すると、汚染者は予想するようになるからである。

3.3. 排水許可証取引制度

排水許可証制度は、EPA によって導入された。水質汚染を管理するために、全米汚染物質放出排除制度（National Pollutant Discharge Elimination System, NPDES）と呼ばれる制度があり、この制度を通して基準（それぞれの産業の技術的能力、すなわち汚染処理装置やその他の技術で削減できる水準）が、直接産業排出者や公共下水処理施設に対して伝えられる。簡単に言えば、NPDES の許可なしには可航水域に直接排出す

ることはまかりならぬということである。この許可は、排出基準とともに、モニタリングや報告に関する事項についても具体的に指示する。このプログラムの全体的な責任はEPAが負うが、要件を満たせば州がNPDESを運営することも認められる。1992年の時点で38の州と地区で運営が認められている。この制度を用いて各州当局は、許可証取引制度を導入した。

取引の内容を述べる前に、水質に関しての汚染源（規制対象）の話をしておく。地表水も地下水も、広範にわたる汚染源に脅かされている。その中には、汚染源とはあまり思われていないものもある。実際、工場や発電所だけが水質汚染の主因と思われがちである。しかし、それほど明確ではないが、同様の影響の大きい汚染源がある。汚染源は点源と面源に分けられる。

- **点源**—汚染物質が排出される場所や施設が固定していて、汚染源が特定できるもの。政策上の種類としては、
  (1) 下水道から流れ込んだ汚水を処理する公共下水処理施設。
  (2) 民間工場やその他の施設などの産業施設。
  (3) 下水と雨水の両者を処理する合流式下水道。

- **面源**—汚染源が正確に特定できず、比較的広いところで面的、間接的に汚染が発生するもの。面源は定義上特定しにくく、コントロールも困難である。例としては土地からの排出（農地、都市化地域、建設現場、森林、鉱山など）、腐敗槽、埋立地、余水路、大気からの降下などがある。

上述の説明を見てもわかるように、最初の直接規制の対象は、よりはっきりと規制をかけやすい点源中心のものとなり、これが問題とされた。最近では、健康リスクに関しては点源と面源とは同じような水準だが、面源は生態系に対するリスクが大きいとしている。

3.4. ディロン貯水池の許可証取引

1984 年、コロラド州サミット郡のディロン貯水池において、リンを規制するクレジット取引プログラム[9]が実施された。ここはデンバー住民への水の供給の 50%を提供しているところである。この地域の宅地・産業開発が次第に深刻な汚染問題を発生させるようになった。貯水池に大量のリンが流れ込み水質が悪化した。この保全地域は、汚染点源が集団的にあり、そこから出る廃棄物で汚染されてきた。いくつかの自治体下水処理施設、工場のほか、都市地表水のような面源的なものも含まれていた。この地域は、さらにゴルフ場や農耕地での肥料使用が原因で高水準のリンに悩まされていた。州当局は汚染源が汚染の半分がこの地域の面源から、残りが点源（4 つの市の処理場、16 の小規模処理場、および 1 つの工場から）からのものであると判定した。この貯水池のプログラムの特徴として、

(1) 規制すべき汚染物質が一つで、リンに限られていること。
(2) 汚染源が特定でき、クレジットの配分が可能であること。
(3) 点源は排出上限規制を受けていたが、限界削減費用の上昇に悩んでおり、他方、面源での限界削減費用は低いものと考えられた。

これは許可証取引制度が有効に機能する教科書的な例であると、Callan and Thomas(1997)は述べている。面源汚染をプログラムに組み込むため、「バブル」（集水域を指すため「ボウル」と呼ぶこともある）内で取引が行われることになった。地域住民の代表と公的機関の代表とで構成される委員会が取引の管理にあたり、リンの初期配分が行われ、取引は面源から 2 単位を購入した点源が、1 単位の排出を行えるように定められた。

ディロン貯水池での取引は、条件は整っていたが、実際の取引はきわめて少なかった。この理由として、

---

[9] そのほかにも、コロラド州のチェリークリーク貯水池や、ノースカロライナ州タール・パムリコ集水域のプログラムなどがある。

(1) ディロン地域の点源がだんだん効率的に汚染を削減するようになってきた。削減費用が低下すれば、許可証を取引するインセティブは少なくなる。
(2) この地域の経済成長が減速し始め、排出量が減っていたので、取引の必要性も小さくなっていった。
(3) 2対1の比率はよく考えられたものだったが、点源は面源から2クレジット買っても1単位しか削減できないことが、取引を阻害した。むしろ、予想されなかった面源間の取引が2、3提案された。

このような結果から、この場合において、許可証取引が環境改善の費用削減に大きな貢献を果したとは言い難い。しかし、許可証取引制度の設計に関して重要な参考になったと言える[10]。

第4節　SO_2 取引についての考察

4.1. 大気清浄法第Ⅳ章（Clean Air Act Ⅳ）への道のり

EPAが大気汚染の規制を始めてから約30年間たって、地表オゾン（スモッグ）とその前駆物質である窒素酸化物は、最も管理が困難な問題であることがわかってきた。米国におけるこれら2つ（SO_2, NO_X）の汚染物質の規制は、経済、科学的理解、技術などの変化と共に進化してきている。SO_2 に対する規制は最初の段階では、人体への健康に対する対策にとどまり、当分の間環境に対するものではなかった。しかし、北東部の排出源から排出された SO_2 は風に乗り、酸性雨となって北アメリカやカナダを直撃した[11]。水や森林へのダメージはひどく、これらの地域の議会で規制対策強化が持ち上がりだした。排出源は主にアメリカの石炭や石油を燃料

---

10) バブル内の排出削減取引の典型的な参考例として、ウイスコンシン州のフォックス川の許可証取引がある。この取引も成功を収めた訳ではないが、今後の参考例となる。Callan and Thomas（1997）、天野（1997）。
11) 特に汚染がひどかったのは、アディロンダック山脈、ニューイングランド州や南部カナダである。

とする発電所[12]である。1970年の大気清浄法[13]は、1970年以前に建設ないし改修された設備は、現在継続使用中のものより厳しい技術型の排出制限を受けた。古設備よりも厳しい環境基準を満たせる技術をつけることが可能と考えられたからである。しかし、これらのアプローチによる問題点は、経済成長と共に排出源の総数および総運転時間が増加したため、排出主体は規制をクリアできなくなり脱落していくケース[14]が多く、一向に改善されなかった。

1977年の大気保全法は、1975年の規制が失敗したことを受けて、さらに法律が改正された。この段階でも、まだ酸性雨に対して疑問視する議論が多く、環境に対しての政策ではなかった。しかし、この法律も中西部の硫黄分の多い低硫黄業者の利害を優先したため、北西部の汚染はひどくなる一方だった。この改正によって、「ネッティング」、「オフセット」、「バブル」が現れた。

まず、1977年に全国基準を達成している地域を、重大劣化防止(Prevention of Significant Deterioration, PSD) 地域と呼び、この地域での許可証取引の一形態として、ネッティングの制度が導入された。これは同一施設内の排出源間で取引を認めたものである。施設の改修による排出量の増加は、同一施設内の他の排出源からの削減によって埋め合わせなければならない。こうして新規設備の建設が大気の質に悪影響をもたらすことはなくなった。

さらに、大気清浄法の定める全国基準がまだ達成されていない地域で新

---

12) 1985年のアメリカでのSO$_2$排出の70%が発電所からのものであった。内訳は96%が石炭発電所からのもので、残りが石油発電所からである。SO$_2$排出の残り30%は、産業や商業、ボイラーや生産プロセスからである。これらの主体は第Ⅳ章の規制にオプト・イン（自主参加）できるが、対象にはなっていない。Ellerman et al. (2000), p. 5 脚注7参照。
13) 対象はSO$_2$以外にもCO、NO$_2$や、特にオゾン、鉛などであった。
14) 環境基準はかなり厳しいものであったため、環境基準未達成地域に新たな工場や設備を建設するのが困難になり、地域の活性化をどうするかが課題となった。その解決策として、ネッティング、バブル等の政策が導入される。

規ないし改修プロジェクトを認めると、環境へのさらなる悪影響が考えられる。しかし、新規設備の方がより効率性が高く、古設備[15]よりもクリーンであるためそれを認めないことが、かえって環境の質を将来悪化させることも考えられることからオフセットが施行された。この計画は、新規または改修された固定排出源からの排出が、同地域内での既存排出源からの排出削減[16]（法定限度以下への削減）によって相殺できる制度である。ネッティングやバブルと異なるのは、使用中の設備と新規設備との取引を持ち込み、他の設備や同じ設備の中で行うものではないところである。

バブルは、複数の排出源をもつ規制対象施設が、バブルのもとで当該施設あるいは特定区域内の総排出量目標を、ひとまとめにすることを認める一種の遵守メカニズム[17]である。ただし、バブルの下にある排出源の総排出量は、各排出源が従来の要件を満たしていれば認められていたであろう排出量を、下回らなければならない。バブルの狙いは、排出制限の要求に対して費用を最小に抑えるにはどうすればよいか、を主体に決定させることにあった。しかし、これらは当事者間で交渉を重ねる必要があり、取引自体を調整しなければならなかった[18]。

1990年改正の大気清浄法第Ⅳ章[19]の特徴として、従来のうまくいかなかった規制が行わなかった、SO_2の排出総量をキャップしたことにあ

---

15) 結局、古設備の発電所に規制をかけずじまいだったので、改善が進まなかった。Ellerman et al.（2000），pp. 14-18.
16) 初期の許可証取引制度では、クレジットが普通であった。
17) バブルは議定書の第4条共同達成に活用されている。EUバブルはこの考え方による。
18) うまくいかなかった原因として、①行政コストが大きいこと、②取引費用が高く、潜在的な相手の情報が少なかった、③税法が外部取引の障害となった、などがある。
19) 第Ⅳ章が強化された背景として整理すると、①政権が環境に対してあまり関心のないレーガンから"環境大統領"をスローガンにあげるブッシュに変わったこと、②人口が東部から北部や西部へ移り、高硫黄業者の数が劇的に減ったこと（1980年から1990年の間に、東部の硫黄業者は202,039から115,216まで減った）〔Source: *Coal Data*【Washington, DC : National Coal Association】, various years〕、③社会的な環境への関心が高まったこと、があげられる。

る。さらに規制をクリアするために、柔軟メカニズムとして排出許可証取引制度が導入された。具体的には、2000年までに、フェーズⅠ（1995～1999）の263の古設備の巨大発電所[20]に、1980年レベルで年間1,000万トン[21]排出しているところを年間895万トン、産業用に560万トンと目標を設定した。2000年以降は、フェーズⅡ（2000～）として国全体に年間約900万トンにキャップをかけ、全ての化石燃料を使用する発電所[22]に規制をかけた。排出主体は毎年EPAにその年に排出した分の許可証を提出する。ここでもし不遵守となると、次の期間に許可証の配分が減らされるなど、実質的に財政的なペナルティを負うことになる。また、ボローイング[23]は認められなかったが、バンキングは認められた。

4.2. 削減への動き

実際の削減は、第Ⅳ章が動き出す前の第Ⅳ章の施行時から活発に始まっていたといえる。これは規制が厳しくなると判断した企業が自主的に行ったものと、もう一つ大きな要因があった。当時、北西部のほとんどの発電所は、地元の業者が扱う高硫黄石炭を使用し、大きな被害をもたらしていた。だが、西部には値段の高い低硫黄石炭が産出されており、この石炭を使用すればSO_2を削減できた。しかし、コストがかかるため使用されなかった。ところが90年代前半頃から鉄道の規制緩和が進み、Powder River Basinの低硫黄石炭を安く購入できるようになった。このおかげで削減は、大きく進むこととなったのである[24]。

SO_2取引の許可証の配分は、無償配分（グランドファーザリング）と競売（オークション）のハイブリッド型で行われた。後に州の中で、グラン

---

20) 110の発電施設、88GWe以上のもの。
21) 国全体の2,370万トンの42％にあたる。
22) 25MWe以上のもの。
23) 将来の期間から自分の許可証を前借りしてくること。
24) Ellerman et al. (2000), pp. 77-105、Bohi and Burtraw (1997), p. 15.

ドファーザリングされるアラウアンスは、非常に政治的な過程[25]で行われたが、ホット・スポットとなりうる州にはより多く配分されることになった。さらに高硫黄石炭業者を保護することもあり、脱硫装置（Scrubber）を設置した主体には、ボーナスアラウアンスが与えられることになった。当時脱硫装置は高価なもので、ほとんどの主体は取り付けていなかった。

　最初の取引はテネシー・バレー開発公社（TVA）と、ウイスコンシン電力会社との間で行われた。取引は、1万の許可証を250万ドルから300万ドルでTVAが購入するというものであった。取引なしで連邦の新しい基準を満たすには、TVAは7億5,000万ドルと見積もられる汚染削減技術の投資をせざるをえなかったといわれている。

4.3. なぜ低価格化が起こったか

　市場が実際に動き出すと許可証の価格は予想に反して下がり（図2.1）、取引の成功への道を作った。低価格化の原因を調べてみると多くの理由が挙がってくる。

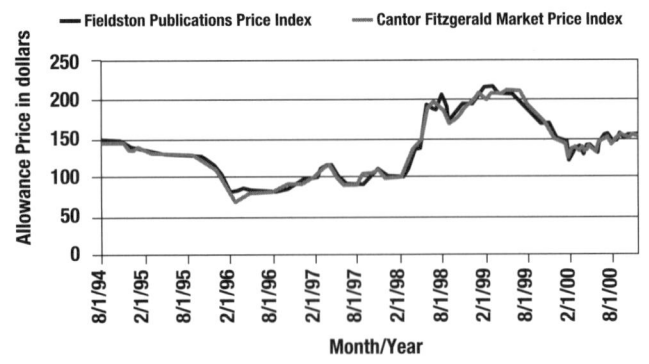

図2.1　許可証の値段の推移

出所：EPAホームページ、Clean Air Market Program
http://www.epa.gov/airmarkets/trading/so2market/prices.html

---

25)　各州の配分された結果の一覧表は、Ellerman et al.（2000）, p. 41, Table 3.1 参照。配分の多くがグランドファーザリングで行われたことがわかる。

初期の頃は、企業内部で許可証の再配分[26]が行われたため、許可証の数も市場に出回っていなかった。しかし、時間が経つにつれ、取引数が増大した（図2.2）。

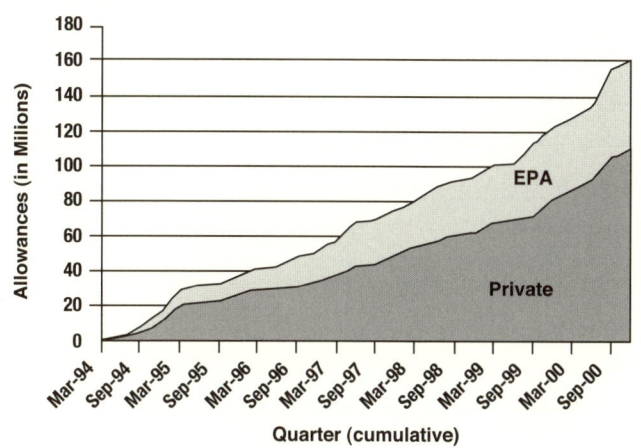

図2.2　2000年までの取引数の増加

これらの取引数は、トラッキング・システムに記録されたアラウアンスの移転だけを示したものである。追加的な移転はアラウアンス・マーケットでおこなわれているのであろう。Private Transfer：EPAが関与せず取引されたもの。EPA／Market Transfers：EPAの割当枠から市場の割当枠に移転されたもの。
出所：EPAホームページ Clean Air Act Market Program
http：//www.epa.gov/airmarkets / trading /so2market /cumtrans.html

---

26）　Environmental Defense（2000），p. 11, Figure 6 参照。

さらにフェーズⅠとフェーズⅡに約束期間を分けたため、フェーズⅠの間に、より目標基準が厳しくなるであろうフェーズⅡに備えて許可証を買っておく、あるいは削減して許可証を得る、ということがおこった。これはバンキングの増大をもたらした。企業は、キャップ＆トレード型のおかげで計画を立てやすく、早めに対策を立てることが有利と判断したのである。バンキングの増大（図2.3）は、環境へのインパクトという面からも影響は大きい。早期対策は、不可逆性を持つ自然にとって被害を抑えるには一番良いからである。SO_2 は、大気への残存性も高い物質であるので早めの削減が望ましい。また、オプト・インも進んだ。フェーズⅠで規制の対象となっていない主体も、フェーズⅡでは対象になることがわかっていたので、早期対策が行われたのである。こうして市場への参加者は、さらに増加した。

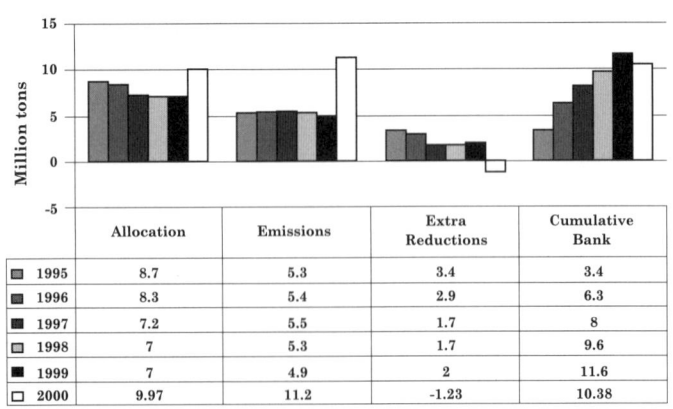

図2.3　バンキングの累積と排出量の実績

出所：EPAホームページ Acid Rain Program : Annual Progress Report , 2000
http : //www.epa.gov/airmarkets/cmprpt/arp00/index.html

バンキングの効果がいかに大きいかを例として表すと、2000年に997万トン分のアラウアンスが配分されたが、1995年から1999年の間に1,162万トン分のアラウアンスがバンキングされていたため、合計2,158万トン分ものSO₂が排出可能な状態だったのである。しかし、2000年には112万トンの排出量しか報告されていない。さらに予想通り2000年にはバンキングが120万トン減少した。今後、さらに減っていくことが予想できる。

表2.2　各州の削減計画

Allowance trading and compliance plans by state

① State	② %of Phase 1 Allowances	③ Regulatory Bias For "Other" Compliance Options	④ Plans to Trade Allowances	⑤ Exceputed Statues Toward Allowances	⑥ Phase 1 Compliance Plans
Ohio	16.9	Yes	Intrafirm	Buy	Mainly Switching Scrub Gavin
Indiana	12.6	Yes	Sell	Buy	Mainly Switching; Scrub 7 Units
Geogia	10.2	No	Bank or Intrafirm	Sell	Switching Only
Penns	9.4	Yes	Buy	Sell	Scrub 5 Units; Switching
West Va	8.7	Yes	Intrastate	Sell	Scrub 4 units; Switching
Illinois	6.9	Yes	Intrastate and Buy	Sell	Switching and Buying Allowances
Missouri	6.2	No	No	Sell	Switching Only
Kentucky	4.9	Yes	Intrastate and Sell	Buy	Mainly Switching; Scrub 6 Units
Alabama	4.1	No	Imtrafirm	Sell	Switching Only
New York	2.7	No	No	Sell	Switching; Scrub 2 Units
Florida	2.4	No	No	No	Switching Only
TOTAL	85				

情報源は、③と④は公共機関のスタッフによるもの。⑤はICF model with "Low-Flexible" assumptions, reported in National Acid Precipitation Assessment Program,1990 Integrated Assessment Report, p.425、⑥は U.S. EPA, "SO₂ Phase I and II Boiler Compliance Methods," Office of Air and Radiation, June 14, 1993.
出所：Bohi and Burtraw（1997）, Table 2

削減方法には、脱硫装置を設置するか、低硫黄石炭に切り替える (Switching) 方法[27]が主なものであった。表2.2は、各州の削減計画を表にまとめたものであるが、脱硫装置と燃料転換の方法が、多くを占めていることがはっきりとする。脱硫装置はボーナスアラウアンスの交付や、加速度償却などのEPAの政策により企業も買いやすくなっていった。さらに80年代には、技術的に難しいとされてきたブレンド石炭の開発により、安くて硫黄分の低い石炭が登場したのである。これらの要因は明らかに競争の原理をもたらした。脱硫装置もより高性能で低価格な商品が、開発されるようになった。こうして主体自らの削減方法が確立されたことにより、許可証の価格は、低価格で安定することになったのである。

政策を施行するにあたり、EPAは、市場で得た許可証が必ずその後何らかの価値の減少や、価格の誘導的な介入を行わないことを保証していた。また、測定器を各主体に取り付けそのデータはEPAのトラッキング・システムを通じて電子的に管理された[28]。トラッキング・システムには、電子的な許可証が配分され移転も行われる。遵守期間の最後にモニタリング[29]の結果と許可証のマッチングが行われる。こうした信頼性のあるプロセスのため売り手責任が可能となった。さらに不遵守をした場合は、経営者が監獄に送られるという重い罰則が採用されており、遵守は100%である。こうした措置も市場の発展に寄与したといえよう。

4.4. 取引の効果

1990年から1999年の間にアメリカのGDPは平均5.4%上昇し、電気の需要も増えつづけた。1995年から1999年の石炭を燃料とした電気の生産

---

27) 以前の施設内の取引は、高価格の脱硫装置を設置することが主流であったため、コストがかかってしまい燃料転換が進まなかった。
28) トラッキング・システムの詳細は、Lile et al.(1996)参照。
29) このプログラムの管理的な仕事の4分の3は監視および監査で、その他の一般的機能(認可、アラウアンスの配分、その競売、データ・システムの管理・改善、年度末のアラウアンス管理、プログラム評価、一般的管理等)は4分の1である。

量は 6.8% 上昇した。それにも関わらず SO$_2$ 排出量は、全米で 1989 年から 1998 年の間で東部の硫黄分は 26% 減少し[30]、1992 年から 1999 年の期間に 92% の湖の硫黄分が減少したことが報告されている（図 2.4）。

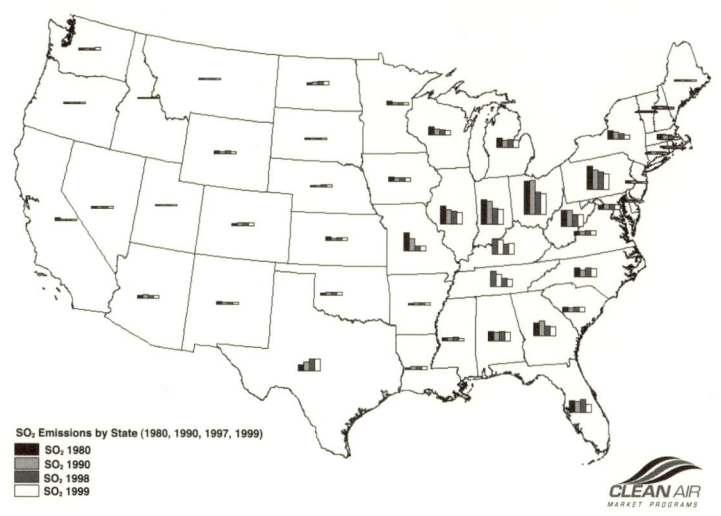

図 2.4　1980 年 –1999 年 SO$_2$ 排出の減少量

出所：EPA ホームページ Map Gallery
http://www.epa.gov/airmarkets/cmap/mapgallery/index.html

　1995 年にプログラムが開始されて以来、バンキングのもたらしたインセンティブは非常に大きかったといえる。また 2000 年の EPA の報告では、SO$_2$ の排出量自体は 1990 年レベルから 29% 削減したとしている（図 2.5）。

---

30)　Environmental Defense（2000）, p. 23 参照。

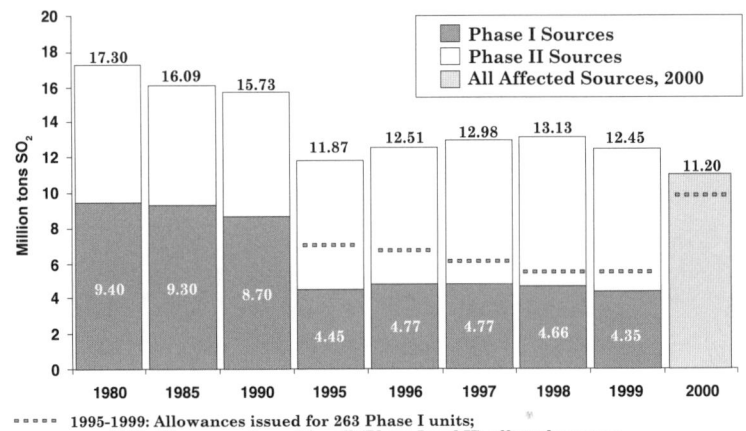

図 2.5　全米のプログラム対象主体の削減量

出所：EPA ホームページ SO$_2$ Program Compliance Results
http://www.epa.gov/airmarkets/cmprpt/arp00/index.html

　2010 年にプログラムが完全実施されたとき、排出削減は電力会社に年間 40 億ドルから 80 億ドルの負担をかけると予想されていた。しかし最近の分析では、プログラムが完全実施されたときの負担は、年間約 10 億ドルであろうとしている。また、EPA はこの政策の節約費用は年 7 億ドルから 10 億ドルにのぼり、さらに健康への便益は年間 12 〜 40 兆ドル、目に見える便益は 3.5 兆ドルと推計している。
　1 つ特筆すべきことは、National Healthy Air License Exchange という私的団体が取引に参加したことである。この団体は、競売で購入した許可証は市場に再び出すことはしないという。この団体の目的は、この制度を利用してより一層排出の削減を進めるというものである。このように一般参加者でも、口座とレジストリーさえ開設すれば、環境政策に直接、影響を及ぼすことができるのである。

SO_2 取引から得られた結果を、以下の5点にまとめると、
(1) 大気清浄法の経過を見ることによって、直接規制の柔軟性のなさが、規制を阻害することがわかる。
(2) キャップ＆トレード型の採用により、排出量の確保と、排出主体の計画が立てやすくなりバンキングの増大が早期対策を進めた。
(3) 規制を受ける側と行う側の両方に費用削減をもたらす。
(4) 排出許可証取引制度は、技術革新を進める。
(5) 排出許可証取引制度は、経済成長と環境保全の両立をもたらす。

第3章 国内排出許可証取引制度の構築に向けて

第1節 京都メカニズムとのリンク

1.1. 国際排出許可証制度

　京都議定書に盛り込まれている排出許可証取引制度は、マラケッシュ合意書により締約国の許可があれば、法的機関の参加を認めることが組み込まれた[31]。これは企業の国際制度への参加を認めることを意味する。第3条によれば議定書の附属書Ⅰ国[32]に割り当てられた温室効果ガスの排出量、つまり「議定書割当量（Assigned Amount, AA）」[33]をキャップ＆トレードで取引することができ、その国際移転についても示してある。つまりこれは附属書Ⅰ国全体でキャップをかけ、その中で取引を行うことを指す。さらに第7条では、関連の原則や遵守のための報告を規定するとともに、排出取引が国内の削減行動に対し、補足的なもの[34]でなければならないことも述べている。この記述は、排出取引が上限なく取引されると、コ

---

[31] United Nations Framework Convention on Climate Change (2001), J. 4. Annex.5 参照。
[32] 京都議定書のもとで、コミットメント期間2008年〜12年の割当量、つまり温室効果ガス排出許可量（5年分の数値目標）が少なくとも1990年レベルから5%削減する義務を負っている先進国締約国（ほとんどがOECD諸国）のこと。各国の国別コミットメント（数値目標）をリストアップした附属書を附属書Bと呼んでいる。
[33] 割当量からの許可証を「Assigned amount units, AAUs」と呼ぶ。
[34] JIも補足性であることが述べられている。京都議定書第6条, 1. (d).

ミットメントが厳しい国が自国内で排出削減を進めず、許可証を購うことで、解決を図る危険性があることを踏まえて挿入されたという背景がある。Oberthur and Ott（1999）や天野（1999）では「ホット・エア」[35]の問題をからめて解決策を提示している。マラケッシュ合意書では、さらに約束期間リザーブ[36]を挿入し、締約国の取引に一定の制限を設ける対応策を打ち出した。しかし、民間主体への取引の規制は市場の発展を阻害する恐れから議論の余地がある。New Zealand Ministry for the Environment (1999) や Department of the Environment, Transport and the Regions (2001) などでは、附属書Ⅰ国がコミットメントを達成するには、京都メカニズムを利用した方が費用最小化を図り易く、国際市場と国内市場のリンクは奨励されており、当然取引の活発化が予想される。

　第6条の共同実施（Joint Implementation）、第12条のクリーン開発メカニズム（Clean Development Mechanism）は、ベースライン＆クレジットで行われる。ここでは共同実施で「排出削減単位（Emission Reduction Units, ERUs）」、クリーン開発メカニズムで「認証済み排出削減（Certified Emission Reductions, CERs）」が取得される。これらはプロジェクト・ベースのクレジットであり、取得した附属書Ⅰの締約国が約束履行のために提出、企業が市場で取引の時に売買することができる。

　基本的にアラウアンス方式においては、排出許可証は一定期間に排出される温室効果ガスの数量を表した同量の対象が取引されるのに対して、ク

---

[35] ホット・エア問題とは、特定の附属書Ⅰ国に対して、将来予想されるその国の排出水準よりも多い排出割当が行われ、その状況で排出取引が認められた場合に起こる。ホット・エアとは、この排出割当量と将来予想される排出量との差である。1990年基準だとロシアやウクライナは経済水準が現在より高く、排出量が多かったが、現在は下回っている。よってなにも努力しなくても割当量を売却することができ、さらに当該国の経済が復活、あるいはモニタリングが正確に行われなければ、附属書Ⅰ国全体で割当量を上回ってしまう危険性がある。

[36] 各締約国は、約束期間を通して国内レジストリーに割当量の90％の量あるいは、審査を受けた一番新しい排出目録を5倍した量のどちらか低い方を保有していなければならない。

レジット方式では、個別の排出削減プロジェクトについて排出削減を測定する基準となるベースライン排出量を定め、そこからプロジェクトの実施によって、排出が削減される部分を認定して、取引の対象にするという手続きを踏まなければならない。したがって、ベースラインの設定方法、排出削減の見込みと実績の相違など、アラウアンス方式には存在しない測定の難しさや恣意性がつきまとう。このことは、取引対象の質の相違や、不確実性を伴うとともに、各種の認証や検証のための取引費用が必要になることを意味している[37]。このことを、ベースライン方式を考える時に忘れてはならない。

1.2. 共同実施 (Joint Implementation) [38]

JI の概念は、古典経済学の理論に基づいて作られている。つまり、温室効果ガスの排出を削減する措置は、なるべくならばそれが最も安価であるか、または利益を生むところで行われるべきであるというものである。(気候変動の) 緩和費用は、主にエネルギー利用効率の違いにより国によって異なる。市場経済移行過程諸国(GEIT)における排出削減は、OECD 諸国におけるよりも費用が少ないと考えられる。このような魅力があるにも関わらず、実際に双方が利益を得るには複雑なメカニズムが必要とされる。

2000 年以降の事業は、決められた検証手続きを満たせば[39] JI として認められ、附属書 I 国間での投資 (民間投資を伴った吸収源に関するものを含む国家間のプロジェクトなど) によって削減された排出量は、そのプロジェクトがなかった場合に排出されていたであろう排出量 (ベースライン排出量) と比較される。

---

37) 2.2. 参照。
38) 共同実施の実施状況は、http://www.gispri.or.jp/kankyo/unfccc/aij/aijstatus.html 参照。
39) 締約国で事業の受け入れ国が京都メカニズムの参加条件を満たしていない場合 (例えば比較的最近締約したベラルーシやトルコなど)、監督委員会の検証手続きを通せば、ERUs を発行できる。

この時点で、合意のもとで排出削減量移転がホスト国の排出枠が差し引かれ、投資国の排出枠に付加されることで行われる（図3.1）。結果的に、両国の排出量の合計には何ら変化はないことになる。また、その量の按分は主体間の合意によって決められるであろう[40]。

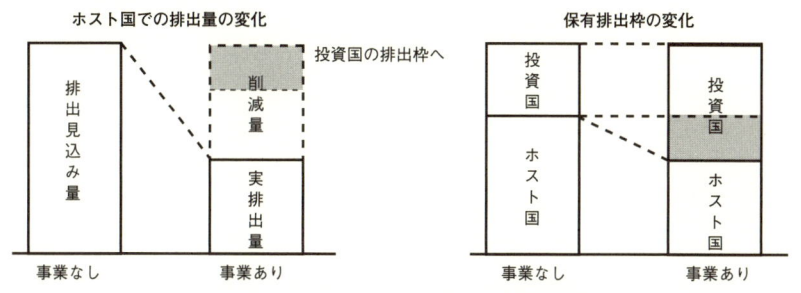

図 3.1 共同実施における排出枠の国際移転

出所：環境省排出量取引に係る制度設計検討会（2000）「我が国における国内排出量取引制度について」p.2

1.3. クリーン開発メカニズム(CDM : Clean Development Mechanism)

CDM は、共同実施と同様に吸収源を含めたプロジェクト活動を、非附属書Ⅰ国と行うことを認めたところに特徴がある。CDM が行われた場合、世界全体での排出量は変わらないが、附属書Ⅰ国全体では、その分だけ排出量が増えることになる（図3.2）。附属書Ⅰ国の先進国は、発展途上国を議定書の取組みへ実質的に参加させることができるとともに、プロジェクトから生じる排出削減クレジットを取得して、自らの約束を達成するための費用を低減させることができる。その一方発展途上締約国は、プロジェクトの資金と技術を手に入れ、自国のよりクリーンな発展に活用できるとともに、気候変動に対してとくに脆弱な途上国は、適応の資金的援助が得られるという利益がある。

---

40) ただし、ERUs は 2008 年以降になるまでホスト国は発行できないとされている。この場合早期クレジットとして、発行される前に 2008 年に有効になるという約束のもと所有しておくことになる。また、ERUs は附属書Ⅰ国の一国当たり割当量の 2.5% まで次の期間に繰越しできる。

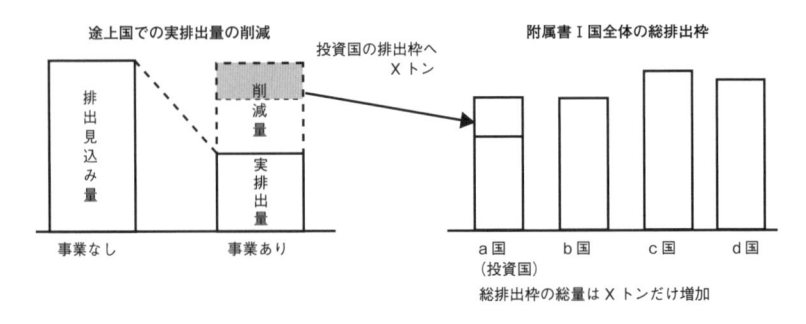

図 3.2　クリーン開発メカニズムにおける排出枠の国際移転

出所：環境省排出量取引に係る制度設計検討会（2000）「我が国における国内排出量取引制度について」p.3

　このCDMは「民間および／または公的主体」の自主的参加をはっきりと認めており[41]、プロジェクト活動[42]は締約国の民間企業が関わり行われることになる。設置されたCDM理事会がCDMを行う事業者を認定し、プロジェクトから発生する削減量のCERsを発行すると同時に、事業者や投資家への情報提供、実施方法などを定める。第1約束期間では、植林と再植林に限定して吸収源に関するプロジェクトを行うことができる。ただし、COP7ではこれらのCDMとして行われる吸収源関連プロジェクトから得たCERsについて、基準年の排出量の1％までしか削減目標達成に使うことができないと文書化された。また、各プロジェクトで得られたCERsの2％が、収益分担金として、発展途上国締約国が気候変動の悪影

---

[41]　United Nations Framework Convention on Climate Change（2001），J. Annex. F 参照。

[42]　プロジェクト・ベースの排出削減メカニズムにおけるベースライン設定方法に反映させなければならないものとして、持続可能性への貢献をどう判定するかという問題がある。最終的には受入国の判断によるものとする意見も多いが、CDM理事会がいくつかの指標を提示し、受入国を中心とするプロジェクト参加主体の合意に基づき、指標の具体的適用を決定するという考え方もある。その際の指標としては、①環境へのマイナスの影響がないこと、②対外債務の増加がないこと、③最先端の技術移転、④エネルギー効率性改善の促進、⑤再生可能エネルギーの促進、⑥受入国内での利益と経験の部門間・地域間公平性の確保、⑦利害関係者の参加などが分かるものとし、⑧特定のプロジェクトに関してプロジェクト協定書に盛り込むべき指標を指定することなども考えられている。

響（たとえば海面上昇など）に適応するための支援を行う「適応基金」に拠出されることになっている[43]。

1.4. 吸収源（Sink）

　吸収源の問題は、COP6でEUをはじめとする議定書の早期発行を目指す国々と、日本やロシアなど、少しでも議定書による負担を軽減したい国々との間の攻防の中で、最も中心的な議論となった問題といえる。それは吸収源の取り扱いが、数値目標の信頼性、透明性、検証可能性に重大な影響を及ぼし、さらに数値目標の最終的な大きさの決定にかなりの影響があるからである。つまり附属書I国にとっては、自国の負担を軽減するツールとなるのである[44]。

　COP6の再会合では、第3条4項にもとづき「森林管理」、「耕作地管理」、「植生の回復」、「牧草地管理」という4つの活動を行って得られる吸収量も、削減目標の達成に使えることが決まった。ただし、「森林管理」で上限が設けられたのは、多量に吸収量を得られる国が出てくることになり、削減意欲を割いてしまうからである。ここで得られた削減量はほかの排出削減量と区別し、管理できるように吸収単位（Removal Units, RMUs）と名づけられた。このRMUsを約束期間中毎年発行するか、約束期間末に発行

---

43) CDMにはプロジェクトの利益の一部が、管理費用や適応支援の財源のために徴収されるという、逆の誘因となる要素もあるため、他の議定書のメカニズムとの間で不利となって、その望ましい活用が抑制されることのないような制度づくりが望まれる。また、モニタリング、監査、検証、排出削減の認証など厳格に行う必要がある。

44) 実際にCOP6では日本やアメリカ、カナダ、オーストラリア、ロシアが国内に元々存在する（つまり削減努力を目的としたものではない）吸収源を認めるように主張し、一度は交渉決裂したが、再会合で認められることになった。上限は国の事情に合わせて国別に設定される。日本の上限は1,300万トン、ロシアは3,300万トンが認められた。日本はCDMで実施する「植林、再植林」事業から得られる上限も考慮すると、削減目標6%のうち4.9%を吸収源で達成してもよいことになった。また、WWFの分析によると、先進国全体（京都議定書で排出削減目標を持つ国）で3.4%の削減に相当する吸収量が認められたことになる。先進国全体での吸収源を除くと、削減目標は5.2%から1.8%になったといえる。

するかは、締約国が吸収源活動ごとに自由に選択できる。しかし、RMUs が余ったからといって次の約束期間に繰越すことはできない。ここで注意しなければならないのは、プロジェクトを実際行ってみなければ、定められている上限まで吸収量を得ることができるかどうかはわからないことと、生物系の吸収源による炭素蓄積量の計算に、本来的に付随している問題は、すぐには解決するわけではないことである。後者の問題は例えば、降雨パターンの変化や干ばつ、あるいは人為的な温暖化の結果生じる植生の変化などによって、蓄積されていた炭素の予測しえないような大気中への放出が生じた場合、それも関連する締約国の温室効果ガスの排出であると計算されてしまうのである[45]。化石燃料の燃焼の結果生じる炭素を補償する目的で、生態系を利用して炭素固定量を増加させようとすることは、リスクの高い戦略といえる。森林は数世紀も現存の形で残る保証はない。しかし、化石燃料起源の炭素の大気中への排出を抑制することと同等の長期にわたる効果を、森林による炭素固定に期待するのであれば、森林を長期間保存すること[46]が不可欠になるのである。

　再び議論を排出許可証取引制度に戻すと、議定書の記述には企業の関与がはっきりと示されており、相当量の関与が考えられる。企業は締約国会議に対し直接責任を持つとはされていないが、その企業が属する国の政府に対しては持つことになる。海外から得られる許可証に対して、企業がどのようにアプローチできるかは、政府が国内で制度をどう設計するかにかかっている。

　このような国際排出許可証取引市場が発達してくると、締約国間の政府間の相対取引だけでなく、議定書割当量（おそらくは連続番号を持った電

---

45) 例えば、自国の吸収量が増えると考えていたが、吸収源目録を見直した結果排出量が増えてしまったニュージーランドの例がある。Oberthur and Ott（1999）。
46) 持続可能な植林の定義は、最低でも50年以上その場所にあることなど（マラケッシュ合意書）多くのものがあるが、まだまだ議論の余地が残されている。植林はユーカリが多いが、自然な森林ではないという意見もある。

子取引客体で、原産国、取引経験等の情報を含む）を取引対象とする国際市場がロンドン市場、シカゴ市場、東京市場といった感じで開設されることになるであろう。これらも国内市場といえなくもないが、そこで扱われる「商品」は、国際的なメカニズムによって創出された、国際的に流通する許可証、すなわち議定書の割当量である（図3.3）。

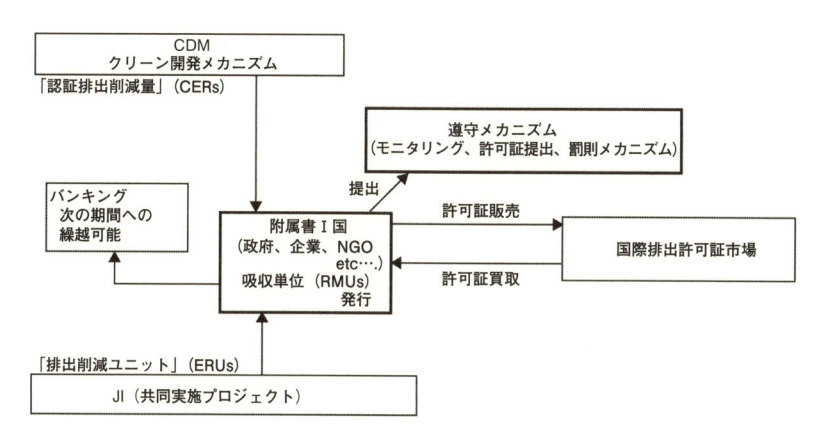

図 3.3　国際排出許可証取引制度

京都メカニズムの諸資料を参照に筆者作成

しかし、これとは別に附属書Ⅰの締約国は、国内で独自に発行された排出許可証を取引対象とする国内取引制度を作ること[47]ができる。なぜなら議定書においては、各国ごとの国内排出削減の政策措置は、国家主権の観点から原則的に自由とされているからである。2002年4月から動きだす英国の許可証制度や、その他締約国各国で導入が検討されている政策は早期対策・早期計画としての措置であり、政府が発行する許可証を取引することになる。当然海外から得られた許可証を取引することも、将来可能ということになる。

---

47)　具体的なイメージとして、Australian Greenhouse Office (1999), p.45, Fig. 5.1 参照。

こうして国際市場で、ERUs、AAUs、RMUs、CERs[48]が取引され[49]各締約国は国内レジストリーを持ち、これらを管理することになる。2008年～2012年の遵守期間の取引を経て、各締約国はこれらを遵守委員会に提出することになる。

COP7で文書化された遵守制度は、京都メカニズムを遵守させるだけの強いインセンティブを持ったシステムとなってきている。その措置として、
(1) 報告義務などの不遵守の措置
   ・不遵守の宣言
   ・遵守行動計画の策定
(2) 京都メカニズム参加条件の不遵守の措置
   ・京都メカニズムへの参加資格の停止
(3) 削減目標の不遵守の措置
   ・達成できなかった削減量の1.3倍を次の約束期間で削減する
   ・遵守行動計画の作成
   ・排出許可証取引でクレジットを売る資格を失う

が決定された[50]。

不遵守の措置に法的拘束力がある場合、遵守委員会が決定した措置に不遵守の国が従わなければ、遵守委員会に従わないことになり「国際義務違反（国際違法行為）」となる。この場合措置を履行するように他の国が経済制裁をとる、国際司法裁判所に訴えるなど、法的対応を採ることになる。ただ、京都議定書の削減目標には元々法的拘束力があり、議定書発行後に開催される第1回締約国会合（COP/MOP1）で不遵守の措置には法的拘

---

[48] AAUs、ERUs、CERs、RMUs、は地球温暖化係数を用いて算定される二酸化炭素換算1メトリックトンを1単位とする。単位はCO_2換算トン（$t-CO_2$）。
[49] 許可証には種類ごとにそれぞれ約束期間、発行国、種類、個別番号、プロジェクト番号などが付けられ、その移転、取得に関する記録・追跡を条約事務局のもとコンピューターデータベースで管理される。
[50] ただし一定の条件を満たせば復帰できることを、日本などがCOP7で主張して認められた。

束力を持たせないと決定されたとしても、削減目標を守ることに対する法的拘束力がなくなるわけではなく、それだけで国際義務違反となる。

第2節　国内の現状

2.1. 排出量の現状

この節では、国内の二酸化炭素がどのセクターからどの程度排出され、対策の現状を見ることによって今後の対策を考える。

1999年度の温室効果ガスの総排出量（各温室効果ガスの排出量に地球温暖化係数（GWP）[51]を乗じ、それらを合算したもの）は、13億700万トン（二酸化炭素換算）である（表3.1参照）。1990年が基準年だが、HFCs、PFCs、SF_6については1995年を基準とする[52]。なお、排出量算定に用いている一部のデータ（廃棄物関係等）については、統計の関係上1997年度の値等を用いて推計していることなどから、総排出量の数値は暫定的なものであり、今後変更される可能性がある。

1999年度の二酸化炭素排出量は、図3.4のとおり12億2,500万トン、一人当たり排出量は9.67トンである。これは、1990年度と比べ排出量で9.0%、一人当たり排出量で6.3%の増加。また、前年度と比べると排出量で3.2%、一人当たり排出量で3.0%の増加となっている。

部門別には、二酸化炭素排出量の約4割を占める産業部門（工業プロセスを除く）については、1990年度比で0.8%の増加となっており、前年度と比べると4.2%の増加となっている。運輸部門からの排出は年々増加しており、1999年度において1990年度比23%増となっており、前年度比1.4%

---

[51] 温室効果ガスの温室効果をもたらす程度を、二酸化炭素の当該程度に対する比で示した係数。数値は気候変動に関する政府間パネル（IPCC）第2次評価報告書（1995）によった。

[52] 議定書3条第8項の規定によると、HFCs等の3種類のガスに係る基準年は1995年とすることができるとされている。また、議定書の規定では「年」とされているが、ここでは統計の関係上エネルギー起源の二酸化炭素等については会計年度（4月～3月）の値を用いている。

の増加となっている。一方、民生（家庭）部門は、1990年度比で15%の増加となっており、1995年度以来3年連続で減少したが、4年ぶりに前年度比5.3%増加となった。民生（業務）部門は、1990年度比で20.1%の増加となっており、前年度比3.3%の増加となっている。

図3.5、3.6は、1999年度の二酸化炭素排出量の部門別内訳である。直

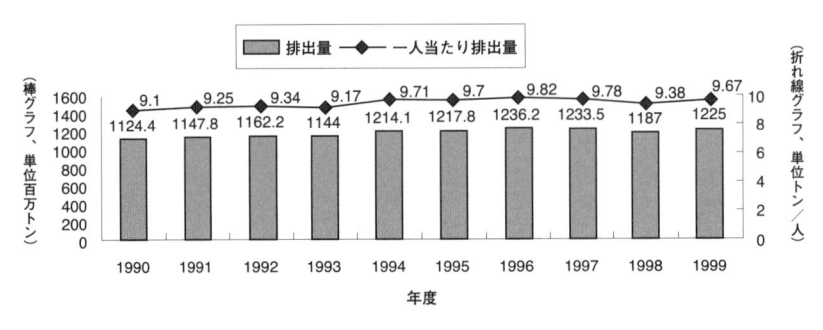

図3.4　二酸化炭素排出量の推移

出所：環境省（2001）「1999年度（平成11年度）の温室効果ガス排出量について」中央環境審議会資料より作成

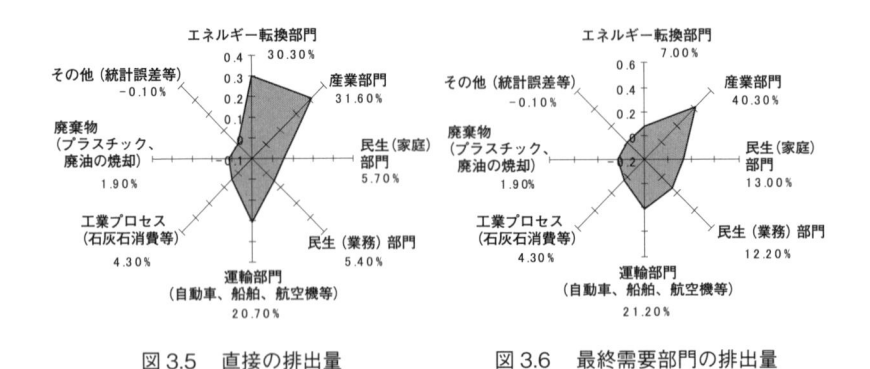

図3.5　直接の排出量　　図3.6　最終需要部門の排出量

出所：環境省（2001）「1999年度（平成11年度）の温室効果ガスについて」中央環境審議会資料より作成

第3章 国内排出許可証取引制度の構築に向けて

表 3.1 国内の温室効果ガス排出量の推移

[百万 t CO_2 換算]

	GWP	基準年	1990	1991	1992	1993	1994	1995	1996	1997	1998	1999
二酸化炭素 (CO_2)	1	1,124.40	1,124.40	1,147.80	1,162.20	1,144.00	1,214.10	1,217.80	1,236.20	1,233.50	1,187.00	1,225.00
一酸化炭素 (N_2O)	21	30.5	30.5	30.3	30.1	30	29.7	29.5	28.9	27.7	27.3	27
メタン (CH_4)	310	20.8	20.8	20.3	20.4	20.3	21.5	21.8	22.8	23.5	22.3	16.5
ハイドロフルオロカーボン類 (HFCs)	HFC-134a: 1,300など	20						20	19.7	19.6	19	19.5
パーフルオロカーボン類 (PFCs)	PFC-14: 6,500など	11.4						11.4	11.2	14	12.4	11
6ふっ化硫黄 (SF_6)	23,900	16.7						16.7	17.2	14.4	12.8	8.4
計		1,223.80	1,175.60	1,198.4	1,212.7	1,194.2	1,265.2	1,317.3	1,335.90	1,332.70	1,280.80	1,307.40

出所:環境省 (2001)「1999年度(平成11年度)の温室効果ガス排出量について」中央環境審議会資料より作成

接の排出量とは各部門が直接排出した量を指し、最終需要部門の排出量とは、電気事業者の発電に伴う排出量を電力消費量に応じて最終需要部門に配分した後の割合を指す。これらの図を見てもわかるように、エネルギー転換部門（発電業者など）、産業部門、運輸部門の排出量は他を圧倒しており、ここから対策を始めなければならないことは明らかである。議定書では 1990 年基準から 6% 削減であるが、この 10 年で 8、9% 増加しており実質 12、3% 削減しなければならないことになる（ただし吸収量の上限が 4.9% まで認められているため、これがプロジェクトの結果として削減できていると認められると、負担はその分差し引かれることになる）。

2.2. 経団連自主行動計画について

経団連の自主行動計画は、産業界の経済団体連合会等による地球温暖化対策の自主的取組みのことを指す。この取組みは「地球温暖化対策推進大綱」においても位置付けられており、2010 年を目標とした省エネルギー・CO_2 排出削減のための製造工程の改善、運転管理の高度化、生産設備の効率化や廃熱回収、新たな技術の導入といった努力を中心としたものである。

自主行動計画については、「自らの業をもっとも良く知る事業者が、自主性や柔軟性が確保されるがゆえに、費用対効果の高い対策を実施する仕組みであり、着実に成果をあげつつある」と積極的に評価する声もある。現在では 43 業種が参加し、このうち多くの業種において、毎年統一様式によるフォローアップも行いながら目標達成に向けた取組み[53] が行われている。

対策面では、多くの業種がエネルギー利用の効率向上に主眼をおいており、オフィスの省エネを含む操業管理の面でのきめ細かい工夫、設備・プロセスの改善、あるいは技術開発と成果の導入といった有効利用策を打ち

---

[53] 事業者等が公表する、優れた地球温暖化防止への取組みについて、1999 年 12 月に地球温暖化防止活動環境大臣表彰式を実施、顕彰を行い、その普及を図ることによって温暖化防止への取組みを支援した。

出している[54]。省エネルギー技術[55]では、従来型に比べ、エネルギー効率の向上を目指した高性能工業炉の開発、次世代高性能ボイラーの実証プラントでの検証などが実施されている。だがまだまだ開発段階にあり、具体的な削減に結びついてはいない。またエネルギー転換部門では、太陽光発電や風力発電などが微力ではあるが徐々に増えつつあり、2010年までの目標では、風力発電など現在より約20倍の発電力を目標にするなどしている。送電ロスの削減などは一定の成果を示しており、これらの分野はこれからも発展させていく必要があるだろう。

しかし、自主的取組みの問題点を検証してみると、
(1) 大綱策定時の目標との不整合
(2) 数値目標の不一致
(3) 目標未達成の可能性
(4) 産業部門の削減は電力部門のCO_2排出原単位の改善に依存[56]
(5) 製造業、鉄鋼、窯業土石業は、IIPあたりCO_2排出原単位で大幅増加（1998年結果）
(6) 経団連の出す数値データの信頼性の欠如
などがあげられる。

これらのうち主なものを取り上げる。

(1) **大綱策定時の目標との不整合**—経団連自主行動計画の目標は、「2010年度に産業部門及びエネルギー転換部門からのCO_2排出量を、1990年度レベル以下に抑制するよう努力する」となっており、産業部門の目標−7％、産業部門、エネルギー転換部門と非エネルギー起源CO_2計で−4％であるが、経団連自主行動計画では0％になっており、先ほど第1節で見た通りこの産業部門とエネルギー転換部門を足しただけでも全体の70％以上の

---

54) 経団連ホームページ http://www.keidanren.or.jp/japanese/policy/2001/051/index.html 参照。
55) 省エネ技術の進捗状況や開発状況は環境省（2000b）参照。
56) (4) あるいは (5) のデータについては、環境省（2000a）、環境省（2000b）、pp.13-19、環境省（2001a）参照。

CO_2 を排出している現状を考えると目標の設定が低く、見直しが必要である。
(2) **数値目標の不一致**—各業界団体の数値目標の指標は、業種によって CO_2 排出原単位、エネルギー消費量、あるいはエネルギー消費原単位と異なっており、必ずしも CO_2 排出の総量での数値目標が定められている訳ではないため、各業界団体の数値目標が達成されたとしても、必ずしも産業部門からの排出量の総量が減少するとは限らない[57]。

2010年度の排出量目標・見通しを示している32業種の2010年度排出量(電力配分後)合計は、対1990年度比で2.3%増となっている。2010年度に1990年度レベル以下の CO_2 排出量とするには、電気事業連合会等のエネルギー起源 CO_2 と、非エネルギー起源 CO_2 のそれぞれに、相当量の CO_2 排出削減が求められる。しかし、電気事業連合会の2010年度の全 CO_2 排出量見通しは、対1990年度比23.2%増の3.4億t-CO_2 とされており、固有排出分もそれに伴い増加することが考えられるため、経団連の目標とする1990年度レベル以下の達成は厳しい状況となっている。

また、(4)、(5) を検証すると、CO_2 排出量は増加する一方であることがはっきりし、自主努力による改善がほとんど見られない。景気後退下に伴うエネルギー効率の悪化は、投資回収年数の長い省エネ設備への設備投資の停滞や、生産量低下に伴う設備の稼働率の低下、製品の多品種少量生産の進展等による影響が考えられる。一方、2001年11月の経団連のフォローアップでの要因分析では、業界の自己努力による削減を2.1%としているが、この数値の根拠は明らかにされていない。これらの分析から自主的取組みには、信頼性・透明性・実効性を十分に確保できる更なる追加的な制度・措置が必要だとわかる。特に信頼性、実効性の確保とは、京都議定書の数量コミットメント達成のためには最低限必要なものであり、原単位目標での設定ではなく、年度ごとに確実に目標を達成できる手段の確保が必要であることがいえる。また透明性を確保するには数値算出の信頼性を図るため、第3者機関による監査が必要である。1999年4月に施行さ

---

57) 業界ごとの単位については環境省 (2000b), p.10 参照。

れた改正「エネルギーの使用の合理化に関する法律」（省エネ法）は、排出状況を把握するには十分検証を行うことができるものだが、実際に発動された形跡はない。このエネルギー使用量等に関する情報は、経済産業省、省エネルギーセンターとも公開しておらず、情報開示がこれからなされていく必要もあるだろう。

第3節　国内排出許可証取引制度構築に向けて

3.1. 環境基本計画

　2001年に見直された我が国の環境基本計画は、環境政策の指針となる汚染者負担の原則、環境効率性、予防的な方策及び環境リスクの4つの考え方を基本的な指針としている。前者2つについては第1章で述べた。後者2つについては、科学的知見が十分蓄積されてなくとも、長期にわたる深刻な影響を及ぼす、あるいは不可逆性の問題であれば予測し、予防として早期対策を行うことを述べている。さらに、環境上の「負の遺産」を可能な限り将来世代に残さないために、社会経済システムの転換を中心とした取組みを現在世代の責務として進めることを述べている。

　この基本計画で、今までの日本の環境政策になかった概念として、政策パッケージの概念が盛り込まれている。これは持続可能な社会を目指して政策のベスト・ミックス（最適な組合せ）の観点から、それらを適切に組み合せた政策パッケージを形成し、個々の手法の短所を補い、政策効果を最大限に高めることを意図したものであるとしている。この政策パッケージとは具体的には直接規制、枠組み規制的手法、経済的手法の組合せとしている。実際に経済的手法自体が、直接規制や枠組み規制的手法の組合せであることから、まさに経済的手法イコール政策パッケージといえるだろう。

3.2. 国内排出許可証取引制度

　議定書の数量コミットメントの達成を確保するためには、2008年以前

の段階で国内に CO_2 排出削減量を確保できる制度、あるいは仕組みが必要であることはいうまでもないが、現在の経団連の自主行動計画のみで数量コミットメントを達成する[58]ならば、かえって大きな負担を産業界に負わせることになるであろう。また、削減量が確保できていないことも大きな問題である。この2つの問題を解決すべく、これ以降は英国の例も参考としながら、CO_2 国内排出許可証制度の具体的な制度案について述べる。

3.3. 企業へのインセンティブ

英国では、2002年4月から早期温暖化対策として排出許可証取引制度を開始する。これに先立ち2001年からは、気候変動税[59]が開始されている。これらの狙いは、やがて来るであろう2008年の京都議定書の第1約束期間に対応するためである。英国は、数量コミットメントをEUの中で持っており[60]、その目標から2008年までに、さらに20%削減の目標設定をしている。今後、世界中で排出許可証取引制度が立ち上がると、英国企業は先立って対策を行っているため許可証を売ったり、新技術の移転を優位に行えるため、国益を得ることが可能であろう。最終的には国際市場とリンクさせる追加的な費用はいらず、国内でのノウハウがここでも活かせると考えている。2005年には再検討し、さらに発展的な政策にするとしている。

企業に対しては、将来議定書が発効した時に、発効以前にバンキングした許可証が有効になることや、将来的に不利になることはないことを政府が約束した上で、制度への参加を呼びかけている。気候変動税は生産物課徴金であるが、政府と協定を結んだ企業は許可証取引制度を使って目標を達成できる。目標を達成した企業は、遵守期間の最後に気候変動税が80%免除になるなど、優遇措置を受けることができる。協定から制度に参加した企業は、ベースライン&クレジットで配分を受けるがオークションで

---

58) もちろん数量コミットメントを達成するには、国民全体の努力、意識向上が必要である。環境省ホームページには、家庭でできることを詳しく紹介している。
59) Department for Environment, Food and Rural Affairs (2001a) 参照。
60) EUバブルの中で、12.5%の削減目標を負っている。

直接参加する方法もある。オークションの場合は、英国の制度の場合、あらかじめ政府が財政的インセンティブとして総金額を提示し、参加者が値付けを全員で行う。許可証の必要な数に比例して財政的インセンティブを受けることになる。限界汚染削減費用の高い企業ほど許可証を多く必要とするので、用意した総金額が無くなるまで段階を経てオークションは続き、最初に設定された値付けから段階ごとに許可証の値は下がっていく。オークションからの直接参加者のインセンティブを受ける権利は、自身が定めた排出削減目標があることを条件としている。条件を満たせなかった参加者には当然厳しい措置が待っている。これは協定参加者にも当てはまる[61]。

英国の制度を述べる時に忘れてはならないのがゲートウェイである。協定参加者はベースライン＆クレジットで参加し、生産量単位当たりのエネルギー使用量や排出量に基づき定められる目標（原単位目標）を選ぶ。直接参加者は、キャップ＆トレードでの参加で絶対的な排出削減量に基づき目標を定められる。しかし、原単位目標の性質上、全参加者がそれぞれの目標を達成したとしても、必ずしも原単位目標部門が排出量削減を達成するとは限らない。これが制度全体の環境利益を脅かすのを防ぐために、いわゆるゲートウェイメカニズムが、原単位目標部門から絶対量部門への排出枠の過剰な移転を阻止することになる。

原単位目標部門から絶対量目標部門への許可証の移転は、全てゲートウェイを通る必要があり、原単位部門へのまたは、原単位部門からの全体の累積移転を計算する。原単位部門への流入があった場合のみ、原単位部門の参加者が絶対量部門に許可証を移転できるとしている。図3.7bの閉鎖している時とは、クレジットが絶対量部門に流出した分のみ許可証を協定参加者は購入できるので、取引することができない状態をいう。参加者

---

61) 直接参加者に対する措置としては、インセンティブの支払いが行われない、次回の遵守期間に配分される排出枠を不遵守に比例して縮小される、5年間の全体排出量が枠よりオーバーした場合インセンティブの利子付き返済、等がある。協定参加者は次の期間（2年間）減税80％の除去が行われる。また一般刑法に服することも検討している。

a) 絶対量目標部門　　　　　　b) 絶対量目標部門

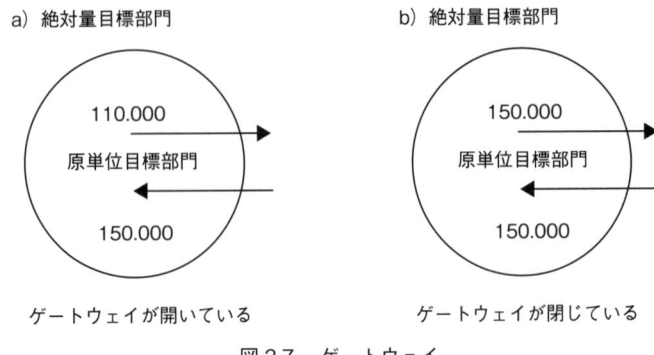

110.000　　　　　　　　　　150.000
原単位目標部門　　　　　　　原単位目標部門
150.000　　　　　　　　　　150.000

ゲートウェイが開いている　　　ゲートウェイが閉じている

図3.7　ゲートウェイ

矢印は絶対量目標部門及び原単位目標部門の間の排出枠、及びクレジットの累積流出入
出所：Department for Environment, Food and Rural Affairs（2001），p. 27

はインターネットで状況を確認し閉鎖されていない時にレジストリーに要請を提出し、取引を行わなければならない。

　メカニズムの狙いは、2008年までにゲートウェイを閉鎖することから判断することができる。原単位目標では、排出削減量を100%確保することは難しい。しかし市場の発展を考えるならば、参加者は多い方が好ましいので、企業にとって参加し易い原単位目標での参加方法を作り、将来的には配分は競売によるオークションに比率を変えていくことにより、絶対量目標の参加者が市場で取引を行えるようにする。ゲートウェイが完全に閉鎖されてしまうと、クレジットでは取引できなくなってしまう。このようにして削減量を確保するのである。

　英国の制度ではバンキングも認められている。アメリカのSO$_2$取引の教訓が活かされている制度といえよう。

3.4.　ハイブリッド方式[62]

　政治的な合意によって全体的な排出削減の数量目標が国内で決まると、各年度に（あるいは一定の遵守期間ごとに）排出可能な総量（ここでは

62）　ハイブリッド方式の有効性を述べたものとして、Hargrave（2000）。

CO_2 で考える)、つまりアラウアンスの総量が定まる。政府は、このアラウアンスに相当する数の排出許可証を発行することになる（つまりキャップ＆トレード）。次に考えなければならないのは、

(1) 排出許可が法的に必要とされるポイント、つまり許可証の提出を義務づけられる規制ポイントをどこに置くかという問題
(2) 許可された量を示す排出許可証が発行された後、規制の対象となる主体がどのように許可証を入手するかという問題（初期配分と呼ばれる）

(1) で問題としてあがっている規制ポイントは、義務づけるポイントで有名なものとして上流・下流方式 (up-stream/down-stream approaches) がある。下流部門とは、排出削減のオプションを持つ大口排出主体であり、化石燃料流通の下流にある主体を指す。具体的には工業部門・電力・ガスなどのエネルギー転換部門を含む大口排出主体である。これらの主体は、改正省エネルギー法により指定されている第1種エネルギー管理指定工場、第2種エネルギー管理指定工場や気候変動枠組条約での排出インベントリーに含まれる工業過程からの主要排出源などの情報により、ある程度特定できるであろう[63]。第1章で述べた通り、汚染者負担の原則により排出主体に直接、削減のインセンティブを与えることができる下流部門でのマッチング、規制ポイントを置くのは自然な流れだといえる。こうして、下流にある排出主体は費用有効的な方法を自ら選択することになる。下流での規制ポイントでは、遵守期間内における化石燃料の燃焼に伴う CO_2 の排出量と、期末時点で保有している許可証の量、及び排出量に応じて無効化する許可証の量について、実際の排出主体である下流部門の主体が行政に報告することになる。省エネ法は現状では発動されたことがなく、情報が開示されてはいないが、新たな行政費用をかけて排出主体のモニタリ

---

63) 改正省エネ法では、指定工場は排出量の報告義務を持ち、合理化が達成されない場合には罰則される、としている。詳しくは、改正省エネルギー法説明 http://www.eccj.or.jp/law2/ 参照。

ングを行うよりも、既存の制度を利用することが費用の節約に繋がるであろう。

　上流部門とは、国内の化石燃料輸入・生産業者（日本経済に最初に化石燃料が投入されるポイント）を指す。これらの業者は、エネルギー関連税制の徴税点[64]を用いて規制対象となる主体・取引量を把握できる[65]であろう。上流部門の規制の対象となる主体は実際の排出主体ではないが、遵守期間内における化石燃料の販売量（及びそれらが結果的に排出すると想定されるCO_2の量）に等しい排出許可証と引渡し義務が課される。制度でカバーできる範囲はほぼ100%である。このアプローチの持つ特徴は、下流部門に規制ポイントを置く際にカバーできない自動車や、無数の小さな工場などの小口排出主体を、上流に規制ポイントを置くことによって、規制の対象とすることができることにある。また、対象主体が少ないので、行政費用が少なく済むことがあげられる。注意しなければならないのは、上流部門で規制の対象となった燃料が下流でもう一度規制を受けると二重に規制がかかることになるので、下流で規制のかかっている主体は除いてやらなければならない。このようにハイブリッド方式の規制をかけることによって、上流部門で全体に規制をかけることは、日本が化石燃料をほとんど海外に頼っている構造を利用した費用有効化を実現できる方式と言えるだろう。

　(2)の初期配分は、許可証を最初に規制の対象主体にどのように配分するかという重要な問題である。SO_2取引が政治的に受け入れられた大きな要因は、許可証を汚染削減費用の削減に悩む排出主体に無償配分（グランドファーザリング）で配分したことにある。現在我が国では自主行動計画が行われており、実際に削減に力を入れてきた企業には実績按分で許可証を配分することによって汚染削減費用の軽減が可能になる。こうして市場

---

64)　環境省（2001b）参照。
65)　70～80社と推測される。環境省 排出量取引に係る制度設計検討会（2000）、p.12 参照。

の参加者を確保することができるようになるであろう。そして、もう1つの配分方法として競売方式（オークション）が考えられる。これは新規参加者、つまりこれから削減を開始する主体や許可証を必要としている主体を対象として行われる。このオークションは、英国の制度とは違い有償配分となる。

競売方式は、排出を実際に削減しない上流部門に行うことが考えられる。これは上流部門の企業に無償で許可証を配分すると自身は削減を行わないが、燃料販売の機会費用として燃料価格に含めるので上流部門の企業は大きな利潤を得ることになる。したがって、上流部門に許可証を無償で配分すべき必然性はあまりなく、市場からの購入によって許可証を取得させ、その費用を燃料価格に転嫁させるようにする（図3.8 参照）。

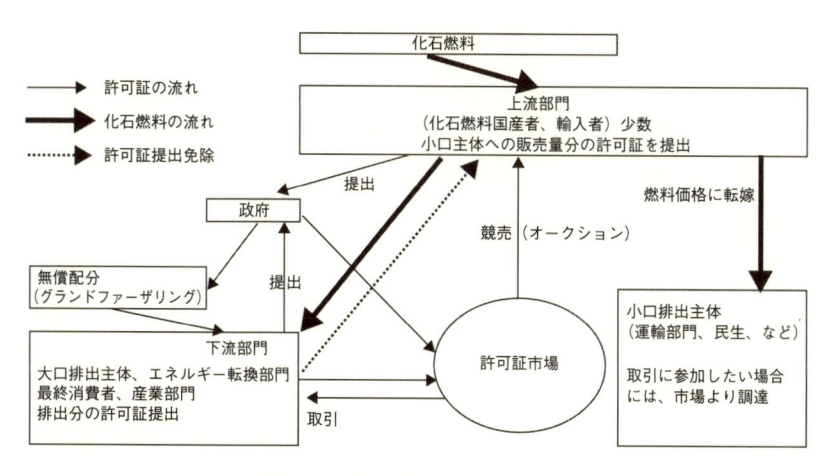

図 3.8　排出許可証市場のフロー

天野（2000）「二酸化炭素国内排出削減メカニズムの確立に向けて」を参照に筆者作成

初期配分の問題は公平性の問題を含んでおり、制度の成功のカギを握っていると言っても過言ではない。議定書を遵守するためには、実際に排出をしている大口排出主体への費用の負担は免れないが、主体によって排出削減の費用は差があり、倒産や労働力の解雇に至る可能性があるとすれば、

公平性の観点から負担の集中を避けることには根拠がある。ここでの無償配分と競売方式[66]のハイブリッド方式はこの問題を解決するためのものである。

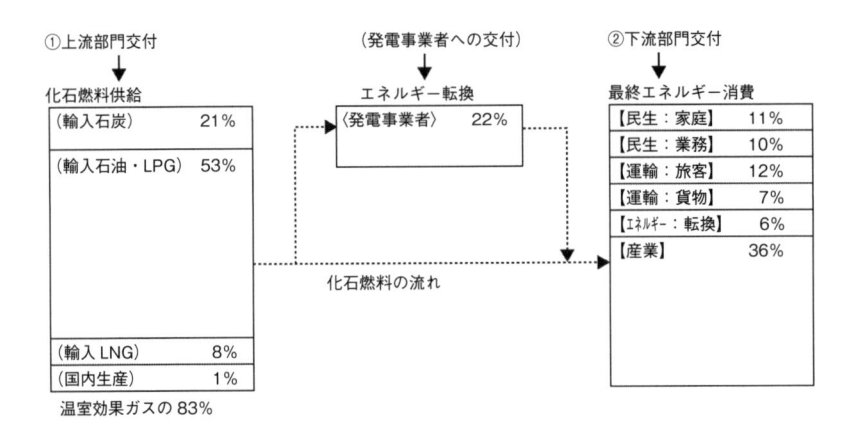

①上流部門交付	（発電事業者への交付）	②下流部門交付
化石燃料供給	エネルギー転換	最終エネルギー消費
（輸入石炭） 21%	〈発電事業者〉 22%	【民生：家庭】 11%
（輸入石油・LPG） 53%		【民生：業務】 10%
		【運輸：旅客】 12%
		【運輸：貨物】 7%
		【エネルギー：転換】 6%
		【産業】 36%
（輸入LNG） 8%		
（国内生産） 1%		

温室効果ガスの83%

図3.9　化石燃料起源の二酸化炭素の排出構造と許可証の交付対象主体のイメージ

出所：環境省排出量取引に係る制度設計検討会（2000）「我が国における国内排出量取引制度について」p.13

　下流部門の企業は、上流部門で規制がかかっているので無償配分で配分を受け、制度に参加した方が費用最小化を図ることができる。つまり、ここでの上流規制は英国の気候変動税と同じ働きを持つことになる。無償配分という財政的インセンティブと、上流部門での規制免除が企業の制度への参加を促すであろう。
　無償配分と競売のハイブリッド方式を採用する理由を整理すると、

---

66)　無償配分と有償配分によって企業の排出削減量への実施には影響は起こらない。許可証は市場価格を持っているため企業は機会費用（使用せず売却したとすれば得られたはずの収入）が入手できなくなるという損失利益として算定するので、無償であっても費用として考える。よって有償で取得する場合と同じ排出削減量水準を決定する。天野（2000a）参照。

(1) 競売により許可証の価格情報を入手しやすくなる
(2) 競争制限行為（不完全競争市場）を防止する
(3) 実績按分による無償配分を受けられない新規参入者に機会を提供する
(4) 厳冬や熱波などの異常気象による急激なエネルギー需給逼迫に対応する

などがあげられる。

　初期配分での公平性を保つには、今まで述べた交付方法だけでは完全に達成したとは言えない。なぜならハイブリッド方式の場合、無償配分した企業と競売を行った政府にレントが生じているからである。レントとは経済学で「価格が変動しても供給が変化せず、価格が需要にのみ依存して決まり、生産費用なしで利潤をあげられる財から生じる利潤のこと」を意味する。問題なのは、このレントを得る主体と実際に排出規制を負担する主体が違うこと[67]である。下流部門での無償配分を受けた排出主体は「許可証の時価×許可証の量」だけのレントを得ているが、排出主体は規制のしわ寄せを労働者の減給や解雇という形で、あるいはエネルギー価格の上昇によって負担増となる消費者などが負うことになり、レントは社員や株主が得ることになる。また政府も競売での売上がレントとなるため、このレントを財源調達に当ててしまっては、レントが規制の負担を受ける者に還元されなくなってしまう。そこで垂直な公平性を保つために、無償配分を受けた許可証に対して低率の課金を徴収することや、競売で政府が得たレント[68]を制度の運営費や負担を負う労働者や消費者に還元するのが望ましい。ただ、この議論は環境政策に留まらず、マクロ政策の分野になるのでここでは詳細には触れない。

---

67) 岩橋（1998）参照。
68) 英国での気候変動税が目標達成によって80%減税になるという制度の根底には、元々環境政策に使用する目的がはっきりしているからである。このような流れで考えると、競売で得たレントも環境政策、あるいは、関連する政策で配分されるべきである。

3.5. モニタリングとトラッキング

モニタリングとトラッキングは、制度の実行性を支える重要な事項となる。モニタリングが正確に行われないと許可証の信頼性、市場の発達そしてなによりも温暖化防止が阻害されることにつながる。トラッキングは許可証の移転を電子的に行うもので、SO_2取引の際に導入され管理費用を抑えることに成功した。

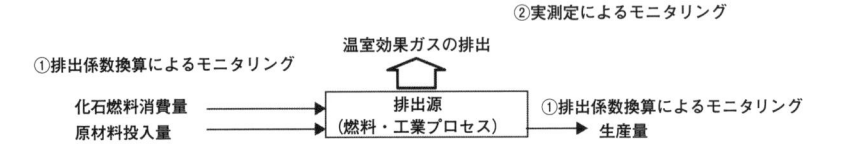

図3.10 理想的なCO_2のモニタリング方法のイメージ

出所: 環境省 排出量取引に係る制度設計検討会 (2000)「我が国における国内排出量取引制度について」p.24

CO_2のモニタリングには排出係数から算出する方法と、計測器から算出する方法[69]がある。気候変動枠組条約に基づき、各締約国は、定期的に温室効果ガスの排出・吸収量等に関する情報を条約事務局へ提出することとされている。温室効果ガスの排出・吸収量の算定方法については、1994年のIPCCの総会において、「温室効果ガス国家目録に関する指針」(IPCCガイドライン) が策定され、さらに1996年に一部が改正され、今日の条約に基づく通報等に活用されている[70]。また、国内では「地球温暖化対

---

[69] 実測定は、連続測定装置等によって測定した排気ガス流量と温室効果ガス濃度を乗じて、温室効果ガスの実際の排出量を直接把握できるもの。しかし家畜の反すうや水田からのメタンなどの排出においては、サンプリングの難しさや、排気ガス流量や温室効果ガス濃度を正確に測定するのは難しい。また、連続測定装置等を設置・運用するためのコストが必要となるため、排出係数換算によるモニタリングに比べコスト負担が大きくなってしまう。

[70] ガイドラインは2000年及び2001年の試行期間に附属書Ⅰ国を対象にしたレビューで用いられ、その後、その結果をもとに見直しを行うことになっている。2003年からはすべての附属書Ⅰ国を対象にレビューが開始される。

策の推進に関する法律」などを中心として政府に、毎年わが国における温室効果ガスの総排出量を算定し公表することとされている[71]。排出量の算定は、一般的には以下の計算式による。

(各温室効果ガス排出量) ＝Σ｛(活動量)[72] × (排出係数)[73]｝
(活動の種類について和をとる)

(温室効果ガス総排出量) ＝Σ｛(各温室効果ガス排出量) × (地球温暖化係数)[74]｝
(温室効果ガスの種類について和をとる)
(注) 活動量：各種燃料の使用量、自動車の走行距離など

　CO_2 排出量については、インベントリー[75]において総合エネルギー統計に示された数値を基に、供給ベーストップダウン法と消費ベーストップダウン法の両方の方法により算定を行っている。
　この2つの方法による計算結果は、原理的には一致するはずであるが、実際には統計誤差等の誤差が生ずる。実際には、一次エネルギー供給量に上述の式のように排出係数をかけたものという計算の容易さや、許可証取引制度では国内の全ての主体に計測器をつけることは非現実的ということも手伝って、供給ベーストップダウン法が採用となるであろう。具体的にこの方法を表すのが図3.10である。国内制度では制度に参加する前に政

---

71) 算定に当たっての基本的な考え方として、①科学的であること、すなわち正確であること (排出の実態に即していること)、包括的であること (すべての分野からの排出を対象としていること) が求められるほか、②効率的であること (算定にかかる費用対効果が優れていること)、③公平であること (温室効果ガスを排出する各主体が公平に排出量の算定の対象となること) が求められる。
72) 二酸化炭素に関するものとして現在の時点では、他人から供給された電気の使用に伴う排出、他人から供給された熱の使用に伴う排出など多岐にわたる。参考資料は環境省 温室効果ガス排出算定方法検討会 (2000)、pp. 33-35、参考資料4。
73) 環境省 温室効果ガス排出算定方法検討会 (2000)、参考資料10。
74) 環境省 温室効果ガス排出算定方法検討会 (2000)、p. 36、参考資料5。
75) 温室効果ガスの排出・吸収目録 (インベントリー) のこと。

府の定める検証機関に排出源、年間排出量、基準排出量の検証を受け参加することになる。遵守期間が終了し、調整期間の後、再び排出主体は、排出量の報告を行わなければならない。そこで許可証の保有数とのマッチングが行われることになる。

表3.2 総合エネルギー統計に示された活動量をもとに排出量を算定する方法

供給ベーストップダウン法による総排出量の計算	わが国のエネルギーバランス表における一次エネルギー国内供給量の値を用いて、わが国に供給された総炭素量を算定し、これに非燃焼分控除などの補正を行う方法
消費ベーストップダウン法による各部門・各業種別排出量の計算	わが国のエネルギーバランス表における各部門・各業種の燃料消費量の値から、それぞれにおいて燃焼された炭素量を算出し、集計する方法

(注) 国際バンカー油及び非化石燃料(黒液・木材等のバイオマス)による排出量はわが国の総排出量に計上しないこととなっている。
出所:環境省温室効果ガス排出算定方法検討会(2000)「温室効果ガス排出量算定に関する検討結果」p. 12

　このように排出量に対して厳密なモニタリングが行われる[76]ことによって、国内制度では売り手責任が可能になる。許可証の取引の際、買い手は売り手が不遵守になった場合でも責任を問われることはないので、取引市場に対しての信頼性が確保され、市場が発展することに繋がるであろう。

　トラッキング・システムは、制度の参加者が排出量の検証を受けた後、許可証を電子的に保有するレジストリーを管理するシステムである(図3.11)。検証を受けた排出主体は、レジストリーに許可証の配分を受ける。遵守期間や調整期間に取引した場合、排出主体はレジストリー上での許可証の移転をインターネットで行うことになる。許可証にはビンテージが付いており、発行年や番号、許可証の種類などが記録されている。調整期間の後レ

---

[76] オーストラリアの案では、排出係数による算定方法だけでなく、独自の厳格な"Greenhouse Challenge"と呼ばれるモニタリング・システムの構築を打ち出している。Australian Greenhouse Office (1999)、pp. 33-37。

ジストリーの許可証数と実際の排出量とをマッチングする。

　この一連の作業に加えて、不遵守の措置は厳格なものとする必要がある。SO_2取引の場合、不遵守となった企業の経営者は、監獄へ送られるという厳しいもので、英国の場合も一般刑法に服する厳しい措置を検討している。そこでまず考えられる手段は、経済制裁である。約束を果せなかった遵守期間の次の期間に配分される許可証[77]の量を減らすことはもちろん、罰金の導入も視野に入ってくるであろう。当然、モニタリングの不正、詐欺などの措置も含まれる。この制裁措置の厳格な施行が制度の信頼性、発展性を担っていることは今までの議論の流れで明確に示されている。

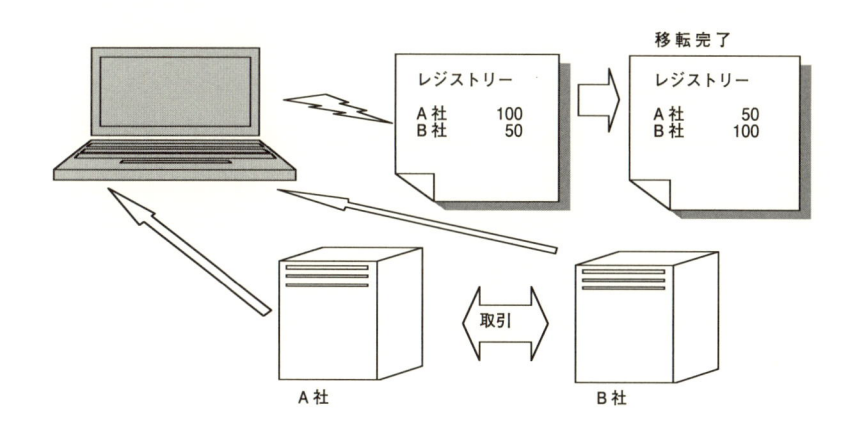

図3.11　トラッキング・システム

出所：環境省 排出量取引に係る制度設計検討会（2000）「我が国における国内排出量取引制度について」p.25

3.6. 市場運営

　今まで述べてきた制度案の目指すところは、安定的な市場の提供にある。排出主体は市場メカニズムを利用することによって費用最小化を達成することができる。そのために政策を施行する時、意識しなければならないこ

---

77)　許可証は、原則的に一遵守期間が終れば回収され、次の期間に再び配分される。

とをこれまで見てきたことから整理すると、
- (1) 制度作りは、規制を行う政府と規制の対象となる産業界とが、透明性のある話合いによって進めるのが望ましい。その時政府は、制度の参加者が将来必ず損をしないことを約束し、産業界は情報の提供に協力することが必要である。
- (2) 取引を行う時に取引費用が高くなっては、市場の発展を妨げることになるので、制度はできるだけシンプルにすることが必要である。その例として、国際取引市場と国内市場の間での取引は政府を介せず、排出主体が各々で自由に取引できる方がよい。なぜなら直接リンクすることによって許可証の需要と供給が増え、取引が活発になり、さらに排出削減費用がさらに低下することになる。
- (3) 遵守期間を4つほどにわける。遵守期間はそれぞれ一年ごととし、その間に約3ヵ月の調整期間を置く。各遵守期間で許可証のバンキングを認め、次の期間に繰越すことができるようにする。またオプト・インを認め、下流部門の規制対象になっていない主体の参加を認める。これにより、各排出主体のさらなる排出削減のインセンティブが確保できるであろう。また、規制側は遵守期間ごとに削減目標を定めることができるため、社会全体の経済状況や削減状況に柔軟に対応することができ、排出主体側も対策を立てやすくなるであろう。
- (4) 制度内にバブルやオフセットを認め、奨励するようにする。この2つは特に地域や会社のグループでの参加を促せるため、その信頼性から市場の参加者の増加、削減費用の低下が望める。

京都メカニズムではJI、CDMのプロジェクトが存在するが、これとは別に国内制度の中でも、国内でプロジェクトを認めるメカニズムを作ることもできる。この場合、日本ではCOP7で認められた吸収源のプロジェクトは特に盛んになることが見込まれる。

3.7. まとめ

　国内排出許可証制度は、持続可能な発展に向けた具体的な政策であると共に、国家戦略の位置付けを持っている。持続可能な社会では、いち早く政策を打ち出し、転換を遂げた国が勝ち組に属することになる。逆に有効な政策をいつまでも打ち出せない国は長期的には大きな負担を負うことになる。日本国内の対策が現状のまま進むと、確実に後者になる危険性を持っている。

　以上3つの章から得られた結論をまとめると、日本が議定書のコミットメントを達成するには、排出数値目標を確保でき、費用最小化を実現できるキャップ＆トレード方式の排出許可証取引制度の採用が適している。排出許可証取引制度の持つ企業へのインセンティブは、長期的な視野に立てば、企業に利益をもたらし国益につながる。何よりも持続可能な発展への第1歩を踏み出すことができる、というものである。CO_2対策としての制度が固まれば、他の温室効果ガスの対策としての制度の導入も難しいものではなくなるだろう。

　排出許可証取引制度は、一国の経済活動のほとんどをカバーする制度となるため、導入に伴い様々な政策を平行して行うことが考えられる。所得配分に関する政策や社会保障政策、経済政策、エネルギー政策など既存の政策の見直しは当然必要になってくる。気候変動政策は、これら全体を含めての話であり、議定書を遵守するには、間違ってもここで紹介した一連の政策を行えば、あとは何もしなくてよいという考え方はしてはいけない。むしろこうしたマクロ政策的な視点から捉えることによって、より社会全体の費用最小化を図っていくことが可能になるのである。

参考文献

天野明弘著（1997）.『地球温暖化の経済学』日本経済新聞社.

天野明弘（1998）.「COP3後の社会経済システム変革のあり方について」Working Paper No.8, 関西学院大学総合政策学部.

天野明弘（1999）.「京都議定書における伸縮的手法と国内排出削減制度の構築」Journal of Policy Studies No.8　関西学院大学総合政策学部研究会.

天野明弘（2000a）.「二酸化炭素国内排出削減メカニズムの確立に向けて」Journal of Policy Studies No.8 関西学院大学総合政策学部研究会.

天野明弘（2000b）.「クリーン開発メカニズム：期待と課題」『季刊環境研究』, No.118.

天野明弘（2001a）.「CO_2排出削減のための経済的手段：その理論と現実」（未公刊原稿）『経済と環境の統合を目指して』総合政策 講義資料.

天野明弘（2001b）.「京都議定書の概要と米国の議定書案」（未公刊原稿）『経済と環境の統合を目指して』総合政策 講義資料.

Australian Greenhouse Office (1999). "National Emissions Trading: Designing the Market," Discussion Paper4, December.

Bohi, Douglas R. and Dallas Burtraw (1997). "SO_2 Allowance Trading: How Experience and Expectations Measure Up," Resources for the Future Discussion Paper 97-24, February.

Callan, Scott J. and Janet M.Thomas (1996). スコット・J・カラン, ジャネット・M・トーマス著、生態経済学研究会訳『環境管理の原理と政策』食料・農業政策研究センター国際部会.

Cramton, Paper, and Suzi Kerr (1998). "Tradable Carbon Allowance Auctions: How and Why to Auction," Published by the Center for Clean Air Policy, March.

Department for Environment, Food and Rural Affairs (2001a). "Climate Change Levy-Background Information," July.

Department for Environment, Food and Rural Affairs (2001b). "Framework for the UK Emissions Trading Scheme."

Department for Environment, Food and Rural Affairs (2001c). "Guidelines for the Measurement and Reporting of Emissions in the UK Emissions Trading Scheme," August.

Department of the Environment, Transport and the Regions (2001). "Draft Framework Document for the UK Emissions Trading Scheme," May.

Department of the Environment, Transport and the Regions: London (2000). "A Greenhouse Gas Emissions Trading Scheme for the United Kingdom, Consultation Document," November.

Ellerman,A. Denny, Richard Schmalensee, Elizabeth M. Bailey, and Paul L.

Joskow, Juan-pablo montero (2000). "Market for Clean Air," Cambridge university.
Emissions Trading Education Initiative (1999). "Emissions Trading Education Initiative Emissions Trading Handbook," (http://www.etei.org).
Environmental Defense (2000). "From Obstacle to Opportunity :How acid rain emissions trading is delivering clean air," September.
福西隆弘 (1999).「第4回ブレインストーミング・フォーラム―国内排出権取引制度設計の論点について―」,地球環境戦略研究機関 気候変動プロジェクト.
五井一雄・丸尾直美・熊谷彰矩編 (1977).『福祉・環境の経済学』千曲秀版社.
Grubb, Micheal, Christiaan Vrolijk, and Duncan Brack(1999).マイケル・グラブ,クリスティアン・フローレイク,ダンカン・ブラック著,松尾直樹監訳『京都議定書の評価と意味』財団法人省エネルギーセンター.
Hargrave, Tim (2000). "An Upstream/Downstream Hybrid Approach to Greenhouse Gas Emissions Treading," Center for Clean Air Policy, June.
伊藤元重 (1992).『ミクロ経済学』日本評論社.
岩橋健定 (1998).「地球温暖化ガス排出権取引に関する国内制度の基本構造設計」(http://www.law.Oasaka-u.ac.jp/%7Eiwahasi/ipp2/tsld001.htm).
環境省 温室効果ガス排出算定方法検討会 (2000).「温室効果ガス排出量算定に関する検討結果」(http://www.env.go.jp/earth/ondanka/santeiho/01.pdf).
環境省 (2000a).「産業部門における今後の主要な追加的施策の在り方について (叩き台)」中央環境審議会資料.
環境省 (2000b).「産業部門における地球温暖化対策推進大綱に基づく取組みの進捗状況の評価について」中央環境審議会資料.
環境省 (2000c).「1999年度 (平成11年度) の温室効果ガス排出量について」中央環境審議会資料.
環境省 (2001a).「自主協定検討会報告書」中央環境審議会資料.
環境省 (2001b).「既存エネルギー関連税制について」中央環境審議会資料.
環境省 排出量取引に係る制度設計検討会 (2000).「我が国における国内排出量取引制度について」(http://www.env.go.jp/press/file_view.php3?serial=1032&hou_id=1514).
慶応義塾大学経済学部 環境プロジェクト編 (1996).「アジア地域における二酸化炭素排出動向ならびに排出抑制の2次的利益」『持続可能性の経済学』慶応義塾大学出版会.

Lile, Ronald D. , Douglas R. Bohi, and Dallas Burtraw (1996). "An Assessment of the EPA's SO2 Emission Allowance Trading System," Resources for the Future Discussion Paper 97-21, November.

松尾直樹 (1998).「気候変動問題における排出権取引の制度に関する論点と提案」地球環境 戦略研究機関、August 27.

松尾直樹 (2000).「導入見込み国の国内排出権取引制度設計議論の概要―version 5.1―」地球環境戦略研究機関、January 23.

松尾直樹 (2000).「京都議定書遵守に向けての日本の気候変動（地球温暖化）問題国内政策枠組み提案」地球環境戦略機関、June 27.

西岡秀三 (2000).「我が国における 1999 年度の二酸化炭素排出量（推計値）について」地球環境戦略研究機関、December 1.

New Zealand Ministry for the Environment (1999). "Climate Change Domestic Policy Option Statement, A Consultation Document," January.

Oberthur, Sebastian.and Hermann E. Ott (1999). The Kyoto Protocol, Springer.

OECD (1994). "Economic Instruments in Environmental Policy: Lesson from OECD Experience and their relevance to Developing Economies Technical Paper No. 92. "

大沼あゆみ (2001).『環境経済学入門』東洋経済新報社.

地球環境戦略研究機関 (2001).「Earth Negotiations Bulletin」"The International Institute for Sustainable," November 12.

United Nations Framework Convention on Climate Change (2001). "The Marrakesh Accords & The Marrakesh Declaration. "

Environmental Protection Agency（米国環境保護庁）(http://www.epa.gov/).

経団連ホームページ (http://www.keidanren.or.jp/indexj.html).

財団法人,省エネルギーセンターホームページ,改正省エネルギー法説明 (http://www.eccj.or.jp/law2/).

財団法人 地球環境戦略研究機関 (http://www.iges.or.jp/).

全国地球地球温暖化防止活動推進センター (http://www.jccca.org/cop6/cop6/kmex.html).

あとがき

　大学生の頃、経済学のテキストを読んでいると、経済分野からの環境問題へのアプローチを扱った本に出会った。環境問題には、前々からなんとなく興味があったものの、自分なりの具体的なアプローチの仕方がわからず、遠い存在であったがこの時の出会いにより本論文への取り組みが始まったといってよいだろう。この場を借りて、私の研究に対して有益なアドバイスをしてくださったリサーチプロジェクトの先生方、そして、なによりも修士2年間を通してご指導下さった天野明弘教授に感謝の意を表したい。

2002.1.16

［第1部第1章〜第3章は、田中彰一著「国内排出許可証取引制度の制度設計」関西学院大学大学院総合政策研究科 2000 年度修士論文を編集、再録したものである］

第 2 部

英国気候変動政策に学ぶ

第4章　英国排出削減奨励金配分メカニズム

第1節　はじめに

　英国では、2001年の気候変動税と気候変動協定の導入を皮切りに、世界で初めて一国の経済活動をほぼ包括的にカバーする規模での気候変動政策が本格的に導入されている。この背景には、京都議定書が発効した場合の削減約束や、2005年から本格的に導入が宣言されているEU域内排出取引制度への参加に備えるとともに、再生可能エネルギーやエネルギー効率の高い環境技術への投資促進により、低炭素経済へ移行するといった目的がある。英国気候変動政策は、複数の政策手法を組み合わせた政策パッケージとして実施されている。本章では、その政策パッケージ中に、二酸化炭素排出量の削減を促進する環境技術への投資を促進するために組み込まれた、排出削減奨励金配分メカニズムに焦点を当てて解説を行う。この配分メカニズムを取り上げるのは、メカニズムが奨励金の配分と排出削減量の決定という機能を持っている点に、興味深い特徴があるからである。気候変動政策の制度設計を考察するとき、各被規制主体に関する排出削減量の決定という問題を避けて通ることは難しいことから、このような排出削減奨励金配分メカニズムの実施に至った英国の例を取り上げて検討することは、大きな意義を持つものと考えられる。具体的には、メカニズムの大きな特徴であるオークションの仕組みを、実施の経緯を通じて概観することにより、その根拠や有効性を明らかにしたい。その上で、排出削減奨励金配分メカニズムの政策上での効果や、環境面での期待される効果に着目し、排出削減奨励金配分メカニズム構築にとって重要な要素を示すこととする。

第2節　英国気候変動政策の概要

1998年に英国産業界 (Confederation of British Industry (CBI)) から英国政府に提出されたマーシャル・レポートによって、英国では気候変動政策における経済的手法の重要性が認識され、本格的に政策の導入が議論されるに至った。このレポートで、マーシャル卿は、英国の産業競争力を保ちながら最大限の環境便益を達成するために、既存の規制および自主取組み、そして経済的手法等を組み合わせた政策パッケージの必要性を主張している。

英国は、京都議定書の下でのEU全体[78]の削減負担割当協定 (EU burden-sharing agreement) を通じて、温室効果ガス (以下 Greenhouse Gas (GHG)) 排出量を1990年レベル (基準量) から12.5%削減することを約束している。しかし2000年の時点で、英国は既にGHG排出量を1990年レベル (2億1,200万トン) から13.5%削減していた。これは、石炭産業の衰退と、国家政策による石炭から天然ガスへの燃料転換によるところが大きい。英国環境省では、新しく導入される気候変動政策によって2010年までに1990年レベルよりGHG排出量を23%、二酸化炭素排出量を20%削減できるであろうと予測している。

英国気候変動政策は、マーシャル卿の提言も反映されて気候変動税 (Climate Change Levy)、気候変動協定 (Climate Change Agreement)、排出取引制度 (Emissions Trading)、排出削減奨励金 (Emissions Reduction Subsidies) を巧みに組み合わせた政策パッケージという形で実施されていることに、最大の特徴を持っているといえよう。気候変動税は、2001年4月より国内産業部門や農業部門を中心に、天然ガス、石炭、LPG、電力消費全てに下流課税という形で課せられている。また同時期に気候変動協定も導入されている。この気候変動税の課税範囲は、実に英国内の二酸化炭

---

[78]　京都議定書の下でEUは、EU全体で1990年排出量基準から8%の削減目標を約束している。

素排出量の60％を占めるものとなっている。この税収は、税収中立の原則により社会保障の切り下げや、再生可能エネルギーへの助成に還流されている。そして2002年には、排出取引制度、排出削減奨励金も導入され、政策パッケージの全容が整った。気候変動協定、排出取引制度、排出削減奨励金の導入の背景には、削減を行う企業等の費用負担を軽減する目的がある。

第3節　協定参加者と直接参加者

　気候変動協定は、主に税負担が重くなるエネルギー多消費産業を中心とする大口の被規制主体に配慮して、盛り込まれた政策手法である。気候変動協定を政府と締結した締結主体は、個々に政府と協定を締結できるため、その締結主体の持つ排出削減費用を考慮に入れた削減目標設定[79]が可能である。これに加えて、目標を達成した締結主体は、気候変動税の80％減税措置を受けることができる。この協定の目標設定方法として、政府はそれぞれの締結主体にエネルギー効率改善と炭素節約の達成、費用効果的なエネルギー効率改善手段の実施を、2010年までの目標として課している。また、2年毎に1年間のマイルストーンと呼ばれる短期目標も設定され、達成できなかった場合、気候変動税の減税措置が適用されなくなる。さらに、締結主体は目標達成の手段として排出取引制度を利用することができる。つまり協定参加者は、目標達成に排出取引市場を通じて他者から許可証を購入し、協定の遵守に当てることが可能なのである。逆に、エネルギー使用量等を協定で設定した目標以下に削減した場合、許可証を政府より受け取ることができる（ベースライン・クレジット[80]）。一方、協定

---

79)　協定参加者は、相対目標と絶対目標のどちらかを選択して、自身の削減目標を設定することができる。実際にはほとんどの参加者が相対目標を選択した。

80)　通常はGHGの排出削減プロジェクト等を実施し、プロジェクトがなかった場合に比べたGHGの排出削減量をクレジットとして認定し、このクレジットを取引する制度を指す。ここでは、プロジェクト・ベースに限らず、気候変動協定を締結した企業の活動全体が対象とされ、取得されたクレジットもアラウアンスと呼ばれている。

参加者とは対照的に、オークションを通じて自主的に絶対削減目標（キャップ）を設定し、排出取引制度に参加する被規制主体を直接参加者という。オークションに関しての詳しい説明は4節に譲るとして、ここでのオークションの役割を述べると、削減量に応じた排出削減奨励金の効率的な配分を可能にするというものである。気候変動協定を政府と締結した締結主体は、このオークションに参加することができない。直接参加者がオークションを通じて決定された削減量に応じて奨励金の配分を受けることは、直接参加者が支払わなければならない気候変動税額を減らすことにも繋がるため、より大きな排出削減効果を上げることに寄与するであろう。オークションでは、5年分の排出削減奨励金が用意されている。さらに、オークションで削減量が決まった直接参加者は、遵守期間中に許可されている排出量と同じ量の許可証を無償配分で受けることができる。つまり、この遵守期間中の各直接参加者の排出量には、自主的にキャップが設定されているため、各応札主体が政府に提出した近年の排出データ等を基にして定めたれたベースラインから、オークションで決められた削減量を引いた排出量と同じ量の許可証が無償で与えられるのである。そして、キャップ・アンド・トレード方式の排出取引制度に参加することが可能である。排出取引制度に参加[81]すれば、被規制主体は自身で削減を行うよりも、奨励金の配分を受け、なおかつ安い許可証を購入して削減目標の遵守に当てることができるため、気候変動税を支払うのみで削減を行うよりも、削減費用の負担が軽減されるであろう。

　英国政府より発表されたDEFRA（2003a）"New Release"によると、スキームが開始されてからの1年間（2001-2002）において、88％の参加者が目標を達成し、減税措置を受けている。この協定は、実に44部門、5,000社以上の企業が締結している。排出削減量は、1,350万トンに上るという。

81）　排出取引制度への参加方法は、ここであげた協定参加者と直接参加者以外に、許可された排出削減プロジェクトを経ての参加と、取引口座を開設して参加する2つの方法がある。

これは、当初設定されていた1年間の排出削減目標のほぼ3倍である。また、DEFRA（2003b）"Commentary on Preliminary 1st Year Results and 2002 Transaction Log"によると、2002年に有効な許可証の3,157万トン相当が協定参加者と直接参加者の両方に配分され、2003年3月31日までに721万トン相当の数の許可証が排出取引市場を介して移転されたと報告された。直接参加者は、後に述べるように5年分のまとまった削減目標を設定しているため、その削減目標の達成状況は、期間が終了する時期を待たなければならない。

第4節　排出削減奨励金配分メカニズム

英国政府は、2002年から2006年の5年間で、2億1,500万ポンドの財政支援予算を排出削減奨励金として用意していた。この予算は、直接参加者が自主的に削減量を設定するインセンティブを与えるためのものである[82]。この配分は、オークションを使って行われた。これは、排出削減量（二酸化炭素換算）1トン当たり何ポンドという率で配分される。一般的にオークションというと、最初に売り手である競売人が低めの価格を提示し、徐々に価格を引き上げていく（売却型の）上昇型オークション方式が考えられるが、ここで採用されたオークションは、下降クロック型オークションと呼ばれる、高い価格から徐々に価格を下げていく方式のオークションである。これは、政府が用意した予算を使って、企業が入札した削減量を買い上げるというものである。つまり、この方式では政府が買い手で、企業が売り手ということになる。

この方式の手順は、最初に競買人である英国環境省が高めの二酸化炭素換算1トン当たりの買い上げ価格を提示する。それに対して、応札主体（ここでは企業）がその価格に対する削減量を入札する。競買人は、入札され

---

82)　この奨励金から法人税を控除した実質支給額は、年間3,000万ポンド（約57億円）にのぼる。

た削減量を足し合わせ総排出削減量を算出する。実際のオークションでは、100ポンドから提示されている。ここでの100ポンドとは、ラウンド１のスタート価格である。下降クロック型オークションでは、均衡価格である排出削減奨励金率が決定するまでラウンドが何回も行われることから、競買人は、あらかじめラウンドごとにスタート価格とエンド価格を提示することとなっている。

　表4.1の左側の欄では、このスタート価格とエンド価格の提示例が示してある。こうした提示に対し各応札主体は、提示された価格と自身の限界排出削減費用を照らし合わせながら５年間分の削減量を各々入札する。これは、応札主体に対して自身の限界排出削減費用の分析が求められていることを意味している。つまり、応札主体は、あらかじめ自身の排出削減量（二酸化炭素換算）１トン当たりの排出削減費用を把握しておく必要がある。この費用を把握しておくことによって、提示される価格に応じた削減量の算出が可能になる。応札主体がこのような分析を行った上で入札を行うことを、入札戦略と呼ぶ。表4.1に示されているのは、応札主体Aが入札する削減量に関する分析を行った上で、組み立てた入札戦略の例である。表の一番右側の欄には、提示された価格に対応した応札主体Aの入札する削減量が書き込まれている。提示される価格は徐々に下がっていくため、応札主体Aは、85ポンドまで下がると削減量を6,000から5,000に修正することになる。この修正を入札修正という。応札主体は、１ラウンドで５回まで入札することが許可されている。それゆえ、応札主体は１ラウンドに５回まで入札修正を行うことができる。ラウンド内でさらに細かく段階を分けることをステップと呼ぶ。表4.1での各行は、ステップを表している。

　下降クロック型オークションは、複数回のラウンドを行うことができるオークションなので、ラウンド１において政府が用意した総排出削減奨励金予算額が買い上げることができる総排出削減量に、入札された削減量の総合計量が収まらなかったとしても、総予算で買い上げることができる総排出削減量に収まるまでラウンドを進めることができる。これはつまり、総排出削減量（総供給）と総排出削減奨励金額（総需要）の間の関係が、

表 4.1　ラウンド 1 からラウンド 2 までの応札主体 A の入札戦略例

二酸化炭素換算 1 トン当たりの価格	入札者 A の ラウンド内の入札	それぞれの価格で 入札する予定の量
£90（ラウンド 1 エンド価格）	6,000	6,000
£90（ラウンド 2 スタート価格）		6,000
£89		6,000
£88		6,000
£87		6,000
£86		6,000
£85		6,000
£84	5,000	6,000/5,000
£83		5,000
£82		5,000
£81		5,000
£80（ラウンド 2 エンド価格）	5,000	5,000

DEFRA（2002a），p. 5 を参考に作成

超過供給の状態であることを示している。実際、ラウンド 1 におけるエンド価格 90 ポンドの価格の提示があったとき、応札主体より入札された総排出削減量は、二酸化炭素換算 488 万トン相当[83]にのぼった。それゆえ、最初のラウンドにおける削減目標の供給額は、4 億 9,000 万ポンドとなった。しかし、政府の用意した 2 億 1,500 万ポンドの予算では買い上げることができないため、超過供給の状態となった。このオークションでは、エンド価格の総供給と総需要の間の状態が超過供給となっている場合、ラウンドが次のラウンドへと進められる。ラウンド 2 では、ラウンド 1 のエンド価格がスタート価格となり、価格がさらに引き下げられていくため、入札される総排出削減量も徐々に減少していく。こうした過程を何回か繰り返した後、入札修正を応札主体が誰も行わなくなったとき、総削減量と価格が均衡量と均衡価格に至り、オークションは終了する。つまり提示され

---

83)　正確には、二酸化炭素換算 4,881,079 トンである。DEFRA（2002b）参照。

た価格で、総排出削減奨励金予算が総排出削減量を買い上げることが可能となるのである。ここでの均衡価格は、オークションに参加した応札主体全体の二酸化炭素換算1トン当たりの限界排出削減費用も表している。こうした均衡価格である排出削減奨励金率で奨励金の配分を行うことは、政府が用意した排出削減奨励金を全額使い切り、なおかつ効率的により排出削減を行う応札主体へ配分することを可能にするであろう。

第5節　下降クロック型オークションのルール

　下降クロック型オークションには、応札主体の入札方法を規定するルールがいくつか存在する。その主なものとして、①最初のラウンドで入札しなかった応札主体は、以後のラウンドにおいて入札することはできない。②応札主体は、前のラウンドあるいはステップで入札した削減量を上回る削減量を入札できない。③応札主体は、一度入札した削減量を取り下げることはできない。④各ラウンドにおけるエンド価格での応札主体全体が入札する総削減量は、前のラウンドのどれに比べても少なくなければならない。⑤入札修正における削減量の減少量に制限を設ける、というものがあげられる。これらのルールの存在により、最初のラウンドで少なめの削減量を入札していた応札主体が、戦略的に後のラウンドで削減量を多く入札し、奨励金を多く受け取ることを防ぐことが可能になるであろう。

　その他のものとして、応札主体は、均衡価格に至る過程で退出することが許可されている[84]。一方、単一応札主体が、総排出削減目標量の10%を上回る削減量を入札することは、許可されていない。英国でのオークションは、インターネット上で行われたため、各応札主体は指定されたソフトウェアを通じて入札を行った。そのため、入札の際にソフトウェアを通じて自動的に削減量の割合が算出され、こうしたルールの実施が比較的簡単に可能になった経緯がある。

---

84)　削減量を0として入札すると、退出と認められる。

先にも述べたとおり、各応札主体は5年間分の削減量を入札することから、オークションを通じて決定された各応札主体に支払われる排出削減奨励金額は、5年間の合計金額である。支払いの段階では、1年ごとに実際に達成された1年分の排出削減量の認証[85]が行われ、削減目標を達成できた応札主体は、1年ごとに奨励金を受け取ることとなる。その額は、均衡価格×オークションを通じて決定されたその応札主体の排出削減目標量/5である（図4.1参照）。

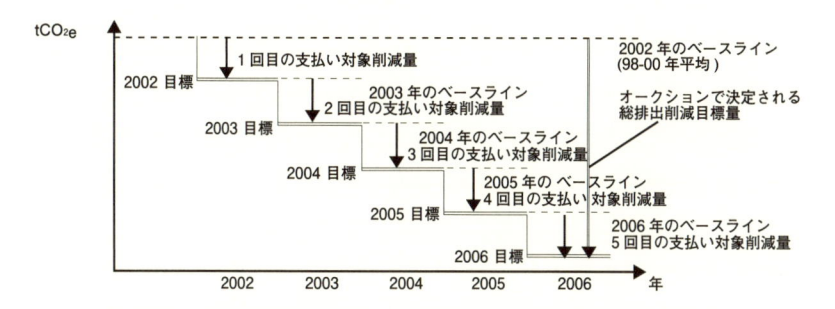

図4.1 応札主体の総排出削減目標量と各年の削減量との関係

Mullins（2002）を参考に作成

最後に、罰則について触れておきたい。上記で触れた排出削減目標量の認証の際に、オークションで設定された排出削減量を応札主体が遵守できなかった場合、以下の罰則が適用される。

---

85) 直接参加者である応札主体は、オークションに参加する際、ベースラインを各自算出し、提出しなければならない。このベースラインは、原則として排出源リストに載せた排出源の1998年から2000年までの平均排出量が、オークションの行われた2002年ベースラインとして採用された。しかし、2000年までのデータを応札主体が保有していない場合は、1999–2000年あるいは2000年のデータを提出することが認められている。そして、オークションが行われる前の登録期間の間に、政府から排出源リストおよびベースライン排出量の認証を受けなければならない。排出削減量の認証とは、約束期間の間に、このベースラインから排出削減目標量の削減が達成されたことを、政府が認証することを指す。

①排出削減を遵守できなかった期間（1年分）の排出削減奨励金を、応札主体は受け取ることができない。
②排出取引制度での、次期遵守期間に割り当てられる排出許可証の量が削減される[86]。

　これらの罰則以外にも、制度が運営されて2、3年後に罰金を課すことが検討されている。このような厳しい罰則は、大きな排出削減効果を上げることに寄与するであろう。また、従来よく行われてきた企業に対する一回限りの補助金は、企業にとって補助金を得ることが目的になってしまい、削減を促進させるインセンティブが働かないことが指摘されてきた[87]。しかし、この配分メカニズムでは、排出削減を達成すれば、企業は1年ごとに奨励金の交付を受けることができるため、少なくとも5年間は削減インセンティブが継続することになるであろう。
　2002年3月11-12日、実際にオークションが行われた。最初に英国環境省が二酸化炭素換算1トン当たり100ポンド（£100/tCO₂e）で価格のアナウンスを行い、38の応札主体が参加した。この最初の価格が提示されたとき、上記で触れたようにあらかじめ用意された予算では入札された総削減量をすべて買い上げることはできなかったため、オークションは続けられた。ラウンドが進み価格が下降していくに従って、応札主体は自身の入札する削減量をそのまま維持するか、減らすかの選択を行った。また、参加した応札主体のうち4主体は、途中のラウンドでオークションから退

---

86) 応札主体は、少なくとも遵守期間の排出量に見合う排出許可証を、調整期間終了時に保有していなければならない。そして応札主体がここでいう排出削減量の削減を達成（遵守）した場合、図4.1で見た通り、次の年のベースラインは遵守期間の排出量から次の遵守期間の削減量を引いた排出量となる。応札主体は、その排出量と等しい排出許可証を無償で受け取ることができる。不遵守であった場合、次の遵守期間では、不足分の排出許可証数にペナルティ係数（1.3）を乗じた排出許可証数が、受け取れる予定であった排出許可証数から差し引かれることになる。応札主体にとっては、与えられる排出許可証数が減るわけであるから、追加的な痛手をこうむることになる。

87) OECD（2001）、p. 22参照。

出している。これは、均衡価格が、自身の二酸化炭素換算1トン当たりの排出削減費用に比べて低い水準になると判断したためである。ラウンド9まで進んだとき、削減目標の供給額は予算内に収まり、二酸化炭素換算1トン当たり53.37ポンドで均衡価格が決定された。

第6節　下降クロック型オークションの特徴

　ここでは、下降クロック型オークションが持っている特徴および長所について触れる。下降クロック型オークションが複数回のラウンドを行うことができるオークションであることは、既に4節で述べた。実際に行われた経過を見てわかるように、応札主体は前のラウンドの結果を見定めつつ入札修正を行うことが可能である。このことは、応札主体が他の応札主体の入札戦略をも分析することができることを意味している。この情報を通じて、各応札主体は、他の応札主体の限界排出削減費用を知ることができるであろう。そして各応札主体は、自身の限界排出削減費用の分析だけでなく、こうした情報も参考にして自身の入札戦略を組み立てる。均衡価格は、各応札主体が提示された価格に対応する自身の削減量を分析し入札を行った結果であるから、応札主体全体の限界排出削減費用をある程度表したものであるといえよう。政府は、少なくともオークションに参加した応札主体全体の限界排出削減費用を、オークションを通じて的確かつ迅速に把握すること[88]が可能になる。逆に応札主体は、自身の削減量に応じた奨励金を効率的に受け取ることができ、排出削減に対して投資するリスクを軽減することができるであろう。

　英国環境省は、今回のオークションの設計に際して以下のようなことに配慮したと述べている。

---

88)　各応札主体の排出量や限界削減費用を政府が調査によって把握しようとすれば、莫大な費用を要することになるであろう。

①政府が大きな排出削減効果を達成する。
②多くの企業がオークションに参加することで、絶対目標を自主的に負った企業が排出取引市場に参入することを促す。これにより、排出取引市場の流動性も確保する。
③各応札主体の持つ限界排出削減費用に見合う排出削減奨励金の配分を達成する。

DEFRA（2001a）では下降クロック型オークションは、これら3つの要素をうまく導き出すことが可能なオークションであると述べられている。

第7節　おわりに

英国排出削減奨励金配分メカニズムは、効率的に奨励金の配分を行うことによって排出取引制度への企業の参加を促すという政策の受容性を高めるばかりでなく、最大限の排出削減効果を上げることを可能にするメカニズムであるといえよう。ただ、実際に英国で行われた際、オークションに参加した企業が、あらかじめ自身の限界削減費用を分析せずに入札を行うなど、企業側の市場メカニズムを活用した政策手法への経験不足から引き起こされた問題等も起こり、課題として指摘されている[89]。しかし、英国環境省は気候変動政策を実施するに当たり、Learning by Doing という方針を明らかにしていることから、むしろこの経験を今後の政策策定に反映していくであろう。わが国でも、2003年8月に「温暖化対策税制の具体的な制度の案～国民による検討・議論のための提案～（報告）」が中央環境審議会から出されるなど、地球温暖化対策に対する国内制度の議論が本格化してきている。この提案では、国内で低率の温暖化対策税が導入された場合、税収を二酸化炭素排出削減技術・設備導入のための奨励金として還流させることで、技術開発の進展、エネルギー効率の良い施設の導入

---

89)　DEFRA（2002d）参照。

等が進み、二酸化炭素排出量の削減につながるという考え方が採用されている[90]。しかし、その税収をどのような政策手法で配分するかについては、まだ触れられていない。このような流れから、本章で取り上げたようなオークションを活用した排出削減奨励金配分メカニズムを議論することも、1つの選択肢として考えられるのではなかろうか。いずれにせよ、このような配分メカニズム構築に関する議論がわが国においても望まれるであろう。

参考文献

天野明弘・田中彰一 (2002).「英国気候変動政策の環境効果と費用負担」Working Paper, 関西学院大学総合政策学部, No.26.

Chan, Chris, Patrick Laplagne, and David Appels (2003). "The Role of Auctions in Allocating Public Resources," Research Paper Australia. (http://econwpa.wustl.edu/eps/mic/papers/0304/0304007.pdf).

Cramton, Peter, and Suzi Kerr (1998). "Tradable Carbon Allowance Auctions How and Why to Auction," Published by the Center for Clean Air Policy, March.

Department for Environment, Food and Rural Affairs (2001a). "Incentives Bidding Mechanism: Options for a mechanism to allocate incentives funding and set emission reduction targets in the UK Emissions Trading Scheme," May, (http://www.defra.gov.uk/environment/climatechange/trading/bidding/01.htm).

Department for Environment Food and Rural Affairs (2001b). "Framework for the UK Emissions Trading Scheme," August, (http://www.defra.gov.uk/environment/climatechange/trading/pdf/trading-full.pdf).

---

90) ここでの低率の税と補助金の組み合わせに関する理論的な解説は、天野・田中 (2002) 参照。

Department for Environment Food and Rural Affairs (2002a). "UK Emissions Trading Scheme Auction Guidance," May 3, (http://www.defra.gov.uk/environment/climatechange/trading/pdf/trading-auction_guidance.pdf).

Department for Environment Food and Rural Affairs (2002b). "UK Emissions trading scheme auction results: 11-12 March2002," August, (http://www.defra.gov.uk/environment/climatechange/trading/ auctionwin.htm).

Department for Environment Food and Rural Affairs (2002c). "Guidelines for the Measurement and Reporting of Emissions by Direct Participants in the UK Emissions Trading Scheme," October, (http://www.defra.gov.uk/environment/climatechange/trading/pdf/trading-reporting.pdf).

Department for Environment Food and Rural Affairs (2002d). "The UK Emissions Trading Scheme Auction Analysis and Progress Report," October, (http://www.defra.gov.uk/environment/ climatechange/trading/pdf/trading-progress.pdf).

Department for Environment Food and Rural Affairs (2003a). "New Release," January, (http://www.defra.gov.uk/news/2003/030407a.htm).

Department for Environment Food and Rural Affairs (2003b). "Commentary on Preliminary 1st Year Results and 2002 Transaction Log," May 12, (http://www.defra.gov.uk/environment/climatechange/ trading/pdf/ets-commentary-yr1.pdf).

Mullins, Fiona (2002). "Incentives Bidding Auction: The "Mechanics" of Bidding," Environmental Resources Management DEFRA.

環境省 (2003).「温暖化対策税制の具体的な制度の案〜国民による検討・議論のための提案〜（報告）」中央環境審議会総合政策・地球環境合同部会地球温暖化対策税制専門委員会, (http://www.env.go.jp/ policy/tax/pdf/mat_01.pdf).

OECD (2001). "Domestic Transferable Permits for Environmental Management," Paris.

あとがき

　本章の作成に当たっては、天野明弘先生（関西学院大学総合政策学部名誉教授・客員教授、財団法人地球環境戦略研究機関関西研究センター所長）に多くのコメントを頂いた。この場を借りて謝意を表したい。

［第2部第4章は、田中彰一著「英国排出削減奨励金配分メカニズム」、天野明弘・大江瑞絵編著、持続可能性研究会編『持続可能社会構築のフロンティア』（関西学院大学出版会、2002年、第10章を再録したものである］

第5章　英国気候変動政策の環境効果と費用負担

要旨

　英国は、2001年4月に気候変動税を導入し、2002年4月には英国排出許可証取引制度を開始した。これらの相互補完的制度は、EU内の削減分担取り決めに基づく京都議定書の国際的約束に加えて、英国独自に設定した野心的な2010年までの二酸化炭素排出削減目標実現を促進するためのものである。気候変動税と国内排出許可証取引制度を含む英国の対気候変動計画は、自主協定、財政的誘因措置、技術規格、その他家計や中小企業を含むさまざまな主体を支援する諸政策の興味あるパッケージからなっている。本章では、環境効果の拡大と被規制主体の費用負担軽減という、同計画の特徴的な2つの性格に焦点をあわせて検討を加え、そこから得られる日本の気候政策への含意を明らかにしたい。

第1節　はじめに

　気候変動枠組条約の京都議定書に定められたヨーロッパ共同体の温室効果ガス排出目標は、1990年のレベルから8%削減するというものであるが、EU内の合意により英国は12.5%の削減を行うこととなっている。しかし、国内エネルギーの石油から天然ガスへの転換が進んだこともあって、英国の温室効果ガス排出量（6ガス合計）は、1999年、2000年にそれぞれ基準量からの変化が−13.3%、−12.9%となっている[91]。英国政府は、この

---

91) UNFCCC Greenhouse Gases Inventory Data Base による。基準排出量は、CO_2、CH_4、N_2O については1990年値、HFC、PFC、SF_6 については1995年値（いずれも CO_2 換算値）を用いている。基礎データについては、本章の付録　表5.A1参照。

ため国内目標として、さらに二酸化炭素排出量を対1990年比20％削減することを目標として掲げ、そのために必要な国内措置として気候変動プログラムを発足させた。

英国気候変動プログラムの内容は、大きく見れば気候変動税と排出取引制度の2つからなる。本章では、まずこれら両制度の内容を簡単に概説したのち、それらの制度が相互補完的に果たす2つの重要な機能を理論的に明らかにする。以下、第2節では気候変動税の概要、また第3節では排出取引制度の概要を述べ、第4節で気候変動税と自主協定ならびに排出取引制度との関係について、そして第5節で排出取引制度と排出削減助成金との関係について考察する。最後に、本章で明らかにされた英国気候変動プログラムの特徴を第6節で要約し、わが国の国内政策策定に対して示唆される点を述べて本章を結ぶ。

第2節　英国気候変動税の概要

英国の気候変動税は、本質的には家庭部門・運輸部門を除く全エネルギー利用に対する税収中立型[92]の下流課税である。家庭部門と運輸部門が除かれているのは、いわゆる fuel poverty と表現される必需燃料への課税がもつ英国特有の強い逆進性を回避するためであり、税収中立型とすることで気候変動政策の目標達成とともに税制のグリーン化を図ろうとするものである。税率は、表1に示すとおりであり、英国政府はこれにより2010年までに年当り炭素換算250万トン（二酸化炭素換算920万トン）の排出削減が見込まれるとしている。

年間の税収は、約10億ポンドと見込まれているが、税収中立の原則により、その約85％が社会保障負担の企業支払分軽減（0.3％ポイントの引下げ）として還元される。また、約1億ポンド（2001/02年度は約7,000万ポンド）がエネルギー効率改善技術開発への投資に対する100％資本引

---

[92]　ここでいう「税収中立」とは、当該政策が政府の財政バランスに影響しないという意味であり、民間の税負担にネットの影響を及ぼさないという意味ではない。

当控除に、そして5,000万ポンドが中小企業のエネルギー効率性改善、および再生可能エネルギー開発のための投資に対する資金援助に当てられる。

表5.1　気候変動税率

エネルギー源	税率
ガス	0.15p/kWh
石炭	1.17p/kg (0.15p/kWhと等価)
液化石油ガス	0.96p/kg (0.07p/kWhと等価)
電力	0.43p/kWh

　気候変動税の適用除外は、家庭用・運輸用燃料のほか、他の形態のエネルギー（例えば電力）生産用の燃料使用、非燃料目的での使用、非事業系慈善活動や家内小規模工業の燃料使用、石油（既に内国消費税が賦課されている）、新再生可能エネルギー（太陽・風力など）による発電、効率的熱電併給、電気分解工程で使用される電力などが対象とされる。

　他のヨーロッパ諸国では、エネルギー税の導入・引上げなどの際、産業の国際競争力への影響に配慮して減税や免税が適用されることが多いが、気候変動税ではエネルギー集約産業と政府との間で自主協定（「気候変動協定」と呼ばれる）を結び、エネルギー効率または温室効果ガス排出原単位の目標（相対目標）、あるいはエネルギー使用量または温室効果ガス排出量の削減目標（絶対目標）の自主達成と引き換えに、気候変動税の80％を免除する方式が取り入れられているのが特徴である。ただし、その一環として政府は英国産業連盟加盟企業に対して、第三者機関の検証を求めたり、指導を行ったりすることが定められている。中小施設への配慮もなされており、製造業エネルギー需要の約60％がこれでカバーされるといわれている。2002年8月10日現在で、41業界団体が自主協定を締結したか、もしくは交渉中であると報告されている。

　なお、気候変動税制では、自主協定の枠組の中で、目標達成の過不足を企業間の排出取引で補うことが認められているが、別途創設される排出取引制度でのアラウアンス取引にも参加することができる。

第3節　国内排出取引制度の概要

　広範な参加者を対象とし、温室効果ガス排出削減を目標にした国内排出取引制度を最初に導入したのは、ここで述べる英国の例が最初である。先にも述べたように、自発的参加を重視した制度が2002年4月から発足した。自発的な参加方法としては、(1)「財政的インセンティブ」による自主的な排出削減目標設定を通した参加（「直接参加」と呼ばれる）、(2) 前節で述べた気候変動協定の締結主体としての参加、(3) 排出削減プロジェクトへの参加、および (4) その他の自由参加の4種類がある。

(1) 財政的インセンティブによる参加

　政府は、自主的に排出削減目標を設定する企業に対して財政支援を行うが、財政支援総額は2002-2006年の5年間で2億1,500万ポンドとあらかじめ定められている。参加者は、事前に自らのベースライン排出量（原則として1998-2001年の3年間における年間平均排出量）の認定を受けた上、オークションで公示される排出削減単位当り助成金額（二酸化炭素換算トン当たり英ポンド）を見て、排出削減目標の絶対量（二酸化炭素換算トン数）を応札する。そして、オークションの単位助成金額を調節しながら、財政支援総額以内で最大限の排出削減目標量が達成できる（つまり助成金率と応札削減量の積が支援総額にもっとも近い）ところで削減量とそれに対する単位助成金額が決定される。応札に成功した企業は、5年間均等で受け取る財政支援額に見合った排出削減を毎年行う義務を負うことになる（削減助成金と目標削減量のオークションの方法については、第5節で説明する）。

　財政的インセンティブを受けた主体はまた、ベースラインから排出削減目標を引いた排出量に等しい排出アラウアンスを毎年受け取る（第2年度以降は、前年度の目標遵守を前提として次年度初めにアラウアンスを受け取ることができる）。遵守期間の終わりには、3ヵ月間の調整期間内に第三者検証を受けた報告を行い、必要があれば遵守のための調整取引を行う。

そして、排出量実績に等しいアラウアンスを提示して遵守が完了する。超過達成分のアラウアンスは、売却やバンキング（預託して次年度以降に使用が可能）を行うことができる。

(2) 気候変動協定締結主体による参加

排出取引制度が導入される前年度から気候変動税が導入されて、温室効果ガスの排出に対して気候変動税が賦課されている。しかし、政府と気候変動協定を締結した企業は、排出削減目標または省エネルギー目標を設定し、協定目標を超過達成した分に対してアラウアンスの配分を受けることができ、それをアラウアンス市場で売ることができる。

排出削減目標の設定の仕方としては、絶対量目標（排出量削減）と相対量目標（生産量単位あたり省エネルギーや排出削減量など）の２種類が認められている。しかし、後者の場合には、仮に目標を超過達成したとしても、例えば生産量が大きく増加すれば、絶対量では排出量（またはエネルギー使用量）が増加することがある。このため、アラウアンスのインフレーションが起こらないよう、取引に際しては相対量の部門から絶対量の部門へのアラウアンスのネットの流出が生じるのを防止するため、両部門間に関門（ゲートウエイ）を設けて取引に制限を加えている。すなわち、相対部門は、絶対部門からアラウアンスを購入することはできるが、相対部門からの売却が購入を下回っている場合にしか売却を行うことはできない。

(3) 排出削減プロジェクトによる参加

排出削減プロジェクトとして認証を受けたプロジェクトの実施企業は、あらかじめ承認されたベースラインを超える排出削減が実現された場合、その削減分に対してクレジットが与えられ、それを排出取引市場で売却することができる。これは、プロジェクト単位での参加方式である。

(4) その他の自由参加

排出削減目標や削減プロジェクトを通さずに、排出取引制度に参加したい主体は、誰でも登録所に取引口座を開設してアラウアンスの売買に参加できる。

第4節　気候変動税と自主協定ならびに排出取引

　図5.1は、以下の議論の出発点となる標準的な環境税の効果と排出削減費用負担の関係を示したものである。図において、MACの限界排出削減費用曲線をもつ排出主体は、OTの気候変動税が課せられた場合、OEのベースライン排出量からAE量の排出削減を行う。この場合、この主体の費用負担は、税支払額aと排出削減費用bの合計、a+bとなる。

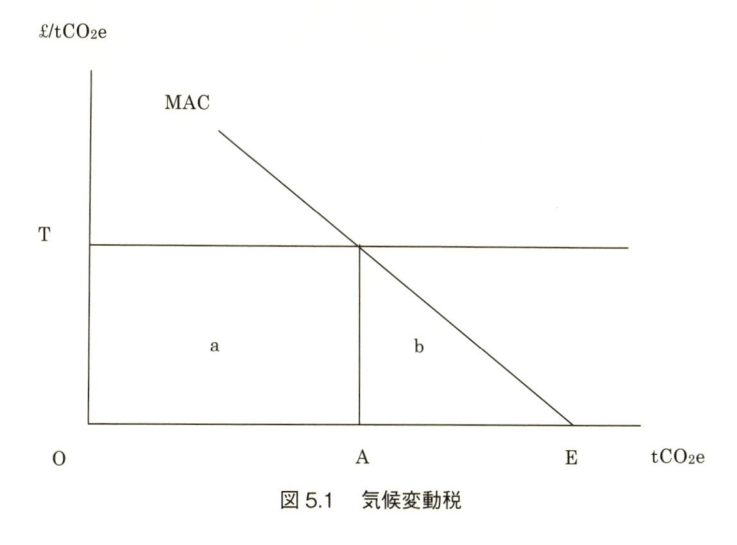

図5.1　気候変動税

　図5.2は、いわゆる自主協定の一種である気候変動協定の影響を表すために図5.1を書き直したものであるが、図5.1で説明したように、環境税がOT_2の水準で与えられたとき、MACの限界排出削減費用をもつ企業は、排出量をOEからOAまで削減し、a+b+c+eの費用を負担する。他方、もし無償給付型（グランドファーザリング型）の排出取引制度が導入されて、排出許可証価格が気候変動税率と同じOT_2の水準にある場合を考えると、MAC曲線をもつ企業がOAの許可証（アラウアンス）を無償供与されたとき、費用負担はeのみで、OT_2の気候変動税の場合に比べて、費用負担は（a+b+c）だけ小さくなる。すなわち、気候変動税の導入のみ

で気候変動政策が実施されれば、同じ排出削減規模に対して、被規制企業の費用負担は他の政策手段にくらべて著しく大きくなる。

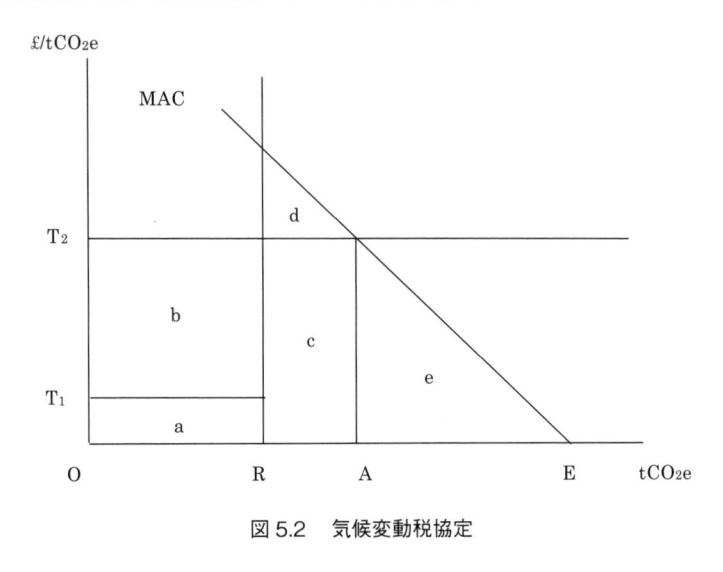

図5.2　気候変動税協定

上記の2つの場合と、気候変動協定の場合を比較してみよう。気候変動税のもとで、排出主体が政府と自主協定を結び、排出量をORまで削減したときに、税率がT_1まで引き下げられるものとすれば、企業の費用負担は、a+c+d+eで、d<bであれば、税のみの場合より企業の費用負担は（b-d）だけ小さく、削減量はRAだけ大きくなる。RがAに近づけば、企業負担の減少分は大きくなるが、追加の排出削減は小さくなる。RがAに一致し、軽減税率OT_1がゼロになるような自主協定が、無償給付型の排出取引制度と同値になるので、一般的には自主協定は企業にとって無償給付型の排出取引制度より費用負担が大きいといえるが、政府の側から見れば、自主協定のほうが排出削減規模を大きくすることができるという利点があることが分かる。また、規制される側からみれば、アラウアンス配分量を政府に決定されるグランドファーザリング型の排出取引より、交渉によりそれが決定される気候変動協定のほうが自由度の点で望ましいと考えるかもしれない。

気候変動協定に参加し、図5.2で、ERの排出削減を行っている状況を図5.3に再現し、それに追加して、この主体が排出取引に参加する場合を考える。排出取引市場でのアラウアンス価格が図5.3においてT_1Pであったとすれば、この気候変動協定参加者は、排出削減をさらにSRだけ増加させる。なぜなら、追加の排出削減に対してSRのクレジットが得られ、それを売却することで（i+j+k）の収入が得られるとともに、hの税額を支払わなくてよくなるが、他方、（h+i+j）の追加の排出削減費用を負担することになるので、差し引きkの純利益が得られるからである。

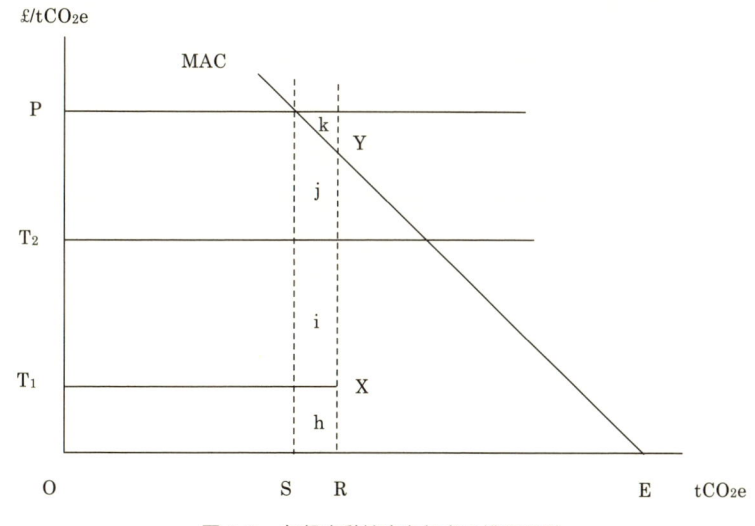

図5.3　気候変動協定参加者の排出取引

もしアラウアンス価格が図のXYより低ければ、この主体は排出削減量をREより少なくして、義務達成に必要なアラウアンスを排出取引市場で購入するほうが有利になる[93]。このように、排出取引市場への参加は、気候変動協定参加者にとっても伸縮性を高め、排出削減の費用負担の追加的軽減に役立つ。

---

93) 相対部門の主体は、ゲートウェイが開いている場合にのみ、このような取引を行うことができる。

第5節　国内排出取引制度と排出削減助成金

図5.4は、気候変動税がOTの税率で賦課され、それに加えて政府が一定率（図のTU）での排出削減助成金を支給する場合を示している。これは英国の気候変動プログラムに取り入れられたものではないが、以下で示す英国式のオークション方式による排出削減助成金の説明への橋渡しのために考察するものである。

気候変動税が図のOTの水準で与えられ、企業がAEの削減を行い、OAの排出を行っている状態で、TUの率の削減助成金が与えられると、企業は削減量をさらにBAだけ増やしてOBを排出する。課税のみの場合、企業の費用負担はa+b+cであるが、追加的に助成金が支給される場合の費用負担は、税額aと排出削減費用b+c+dの合計から、助成金受取額d+eを控除した大きさ、a+b+c-eとなって、eだけ減少する。この場合にも、排出削減量は税のみの場合より大きくなり、同時に企業の費用負担は低下する。

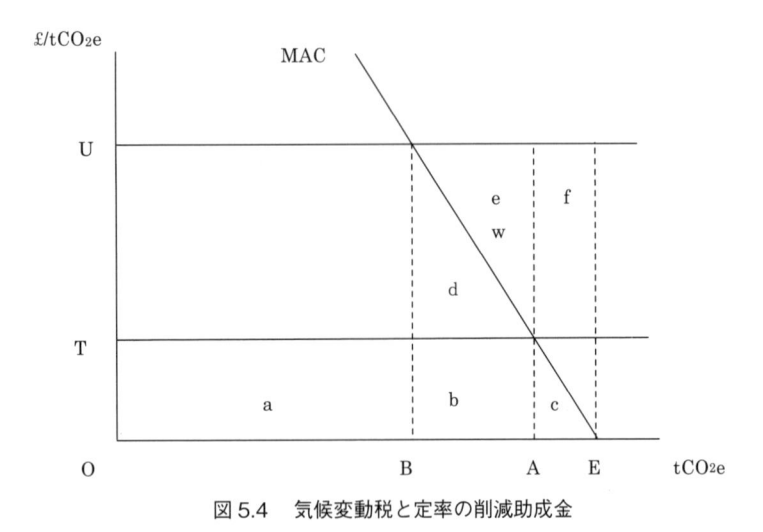

図5.4　気候変動税と定率の削減助成金

前述したようにまず税を導入し、その後追加的削減に対して助成金を交付するのではなく、最初から課税と助成金を一括して導入する場合も考えられる。英国のオークションによる削減助成金方式は、気候変動税導入時期と、削減助成金支給の基礎となるベースライン算定時期の関係から見て、両者が同時に導入されたと考えてもよい。この場合、企業はベースラインOEからBEの削減をTUの単位助成金額で行うことができれば、d+e+fの助成金が得られる。したがって、同じBEの削減を行っても助成金受取額がfだけ増えるので、企業の費用負担はさらに軽減され、a+b+c−(e+f)となる。

図5.4から明らかなように、個々の企業の限界削減費用曲線が削減量の増加につれて増加する場合には、助成金受け取り希望額も助成金率の上昇につれて増加する。英国の気候変動プログラムでは、政府が2002年から2006年までの5年間に支給する排出削減助成金総額の予算を2億1,500万ポンドと決定した。法人税を除くと、年間3,000万ポンド（約57億円）が支給される。この助成金のオークションには、気候変動協定を締結することで気候変動税の80％軽減を受ける資格のある企業を除く排出主体が参加でき、助成金は、削減量（二酸化炭素換算）1トン当り何ポンドの率で支給される。助成金は、提示された価格（£/CO_2e）に対して各企業が自らの目標削減量（5年間の総削減目標量、tCO_2e）を入札する形のオークションを通じて配分される。つまり、オークション参加企業の排出削減目標量の総和に価格（単位助成金額）を乗じた額がちょうど政府の助成金予算額に一致するようにオークションが行われる。

図5.5は、横軸に5年間の年間排出削減目標量、縦軸に単位助成金額（二酸化炭素換算トン当たりポンド、価格に相当）を測っている。政府の助成金予算曲線は、両軸の数量の積が一定となる政府助成金予算を表す直角双曲線BBで示される。これは、いわば「排出削減目標」に対する政府の需要曲線である。これに対して、右上がりの曲線AMAC（Aggregate Marginal Abatement Cost Curve）は、オークション参加企業の限界削減費用曲線を集計した集計限界削減費用曲線であり、これは排出削減目標の

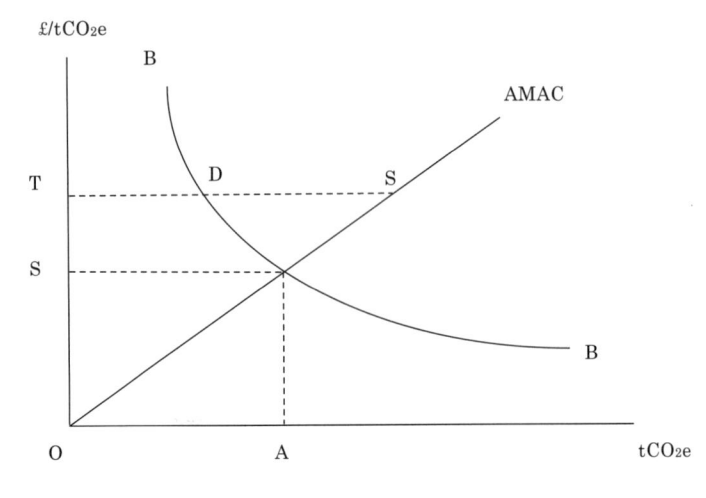

図5.5　排出削減目標オークション

供給曲線である。

　オークションは、下降クロック型オークション（高い価格から始まり、入札を繰り返して需給が一致するまで価格を低下させていく競り方、descending clock auction）で行われる[94]。2002年3月11-12日に行われたオークションでは、二酸化炭素換算トン当たり90ポンドから始め、9回目で均衡価格53.37ポンド/tCO2e（約10,000円/tCO2e）、5年間の総排出削減量4,028,176（二酸化炭素換算）トンが決定された。このようにして参加が決定された直接参加者は、落札した排出削減目標量の5分の1に相当する量を毎年削減する義務を負う見返りに、助成金として均衡価格に年間削減量を乗じた額に等しい助成金を毎年受け取ることができる（ただし、削減義務を遵守できなければ、翌年の助成金は受け取れない）。

　図5.6は、直接参加者について、排出削減約束量がBE、排出取引市場

---

94)　英国排出取引制度で用いられたオークション方式の説明については、UK DEFRA, "UK Emissions Trading Scheme," http://www.defra.gov.uk/environment/climatechange/trading/ bidding/index.htm 参照。

第5章　英国気候変動政策の環境効果と費用負担　　91

でのアラウアンス価格がTU、アラウアンスの配分量がODであるような状況が描かれている（オークションでの均衡価格と各期の排出取引市場でのアラウアンス価格が対応するとは限らない）。直接参加者は、気候変動税を課されているので、図5.6のような状況では、税率とアラウアンス価格の合計が限界排出削減費用に等しくなるように、排出削減量をCEに決定する。排出削減約束量BEより多く削減した部分、CBは、排出市場で売却できる。他方、アラウアンス保有量より排出量が超過する部分、DCは、市場から購入しなければならない。

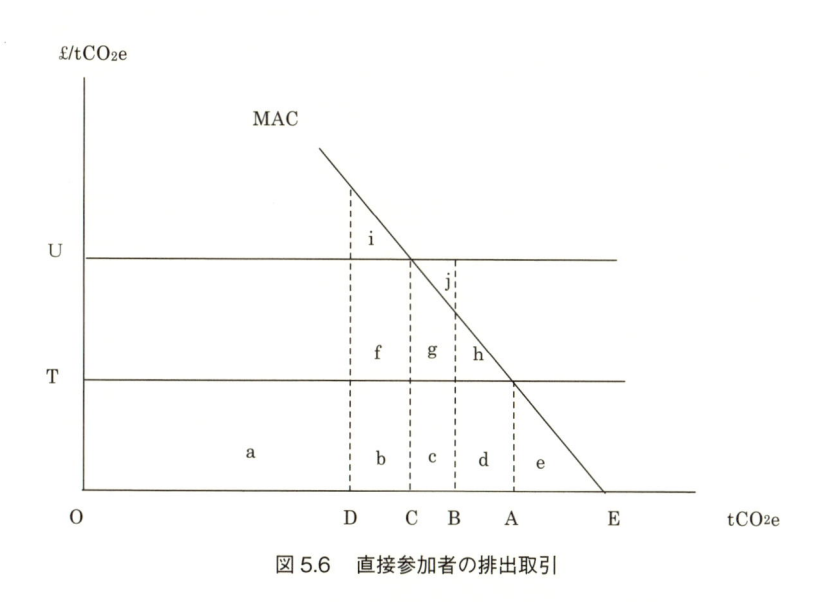

図5.6　直接参加者の排出取引

この場合、直接参加者の費用負担は、排出削減費用（c+d+e+g+h）、気候変動税額（a+b）、アラウアンス購入費用fの合計から、クレジット売却益（g+j）と年間助成金受取額（図には示されていない）の合計を控除したもの、つまり（a+b+c+d+e+f+h−j）から年間助成金受取額を引いたものとなる。直接参加者がアラウアンスの売買を行わずに同じDEの排出削減を行おうとすれば、費用負担はさらに（i+g+j）だけ増加していたであろう。この図では、アラウアンスの無償配分量（OD）が小さく、アラ

ウアンス価格（TU）が高いという、排出主体にとって不利な状況が描かれているが、前者が大きく、後者が低い状況では、直接参加者の費用負担はもっと小さくなる。

第6節　英国気候変動政策の特徴とわが国への示唆

　以上、英国気候変動プログラムにおける気候変動税、排出削減自主協定、排出削減助成金、および排出取引制度の4つの要素を含む政策パッケージの特徴について、主として環境効果（排出削減を強化できる程度）と被規制主体の費用負担という観点から検討した。その結果、英国の気候変動政策がもついくつかの特徴が明確にできた。第1に、これらの政策要素のなかで強制的側面をもっているのは気候変動税のみであり、他はすべて民間主体の決定により自由に選択できるものである。第2に、残りの3つの要素を選択させるような経済的誘因が設けられており、それらはいずれも環境効果を維持または強化しながら、それらの要素を選択した主体の経済的負担を軽減する効果をもっている。したがって、これらを含む政策パッケージを実施することにより、環境効果を損なわず、あるいはそれを強化しながら、被規制主体の伸縮性と費用効果性を高めることができる。

　他方、強制的要素を極力弱め、民間部門の選択の余地を広げたことから、制度の複雑化（これは取引費用ないし実施費用を高める）を招き、同時により明確な環境効果の確保を犠牲にしている面もある。キャップ・アンド・トレード型の排出取引制度のもつ数量型政策としての特徴、すなわち排出削減総量の確定化という面が、助成金のオークションによる総量決定という間接的決定に置き換えられているのがそれである。また、排出許可証のオークションによる通常の排出取引制度と比べて、排出削減助成金を政策パッケージに含めたため、外部費用の内部化に際して歪みをもちこむことになる面も指摘される。

　ただ、これらの問題点を除くごとに、政策パッケージの受容性を低める効果があることにも留意しなければならない。英国の気候変動プログラム

は、その意味では経済的効率性の低下を抑えながら環境効果を維持しつつ、政治的受容性を高める3つの工夫を凝らした点で、革新性をもつものと評価できる。

わが国は、現在京都議定書の約束遵守のための国内取組みの策定を進めつつあり、英国の気候変動プログラムから学ぶべきことも多い。第1に、わが国で既に行われている温室効果ガス排出削減や省エネルギーの自主的取組みを自主協定に組替えられる選択肢を設け、目標の超過達成に対してクレジットを与える反面、未達成部分を参加企業間の排出取引で埋め合わせる仕組みを徐々に構築すれば、自主取組みの履行確保が可能になる。これは、税制などよりも迅速に実現が可能であり、検討の価値はあろう。ただし、自主協定が選択された場合には、伸縮性増大に見合って目標達成のモニタリングを排出取引の場合と同程度に厳しくすることが必要である。

第2に、気候変動税と排出取引制度を併用することがもつ長所に着目すべきであろう。一般に排出取引制度は、排出削減費用に見合って決定されるアラウアンス価格が変動するため、排出削減費用が不確実になるという問題がある。アラウアンスの不足に対して、税を払うことで遵守が可能になれば、それがアラウアンス価格の上限を設定することになる。英国の制度は、税と排出取引制度を併用することで、そのような効果を狙っているともいえる。もっとも、この場合には排出取引制度のもつ総量規制的色彩は弱められる。

第3に、そしてこれが最も重要な点であるが、税と排出削減助成金の併用により、低い税率で大幅な排出削減のインセンティブが与えられるということがある。図5.7は、図5.4をマクロ経済全体について、限界削減費用曲線（MAC）が非線形の場合について示したものである。図5.4と同様、OTの課税とTUの率の単位排出削減助成金が同時に導入され、助成金率は、税収中立を原則としてa=d+e+fとなるよう決定される。参加企業全体の費用負担は、a+b+c−(e+f)であるが、税収中立の条件から、これはb+c+dに等しい。つまり全体としての被規制主体の費用負担は、排出削減費用そのものだけとなる。

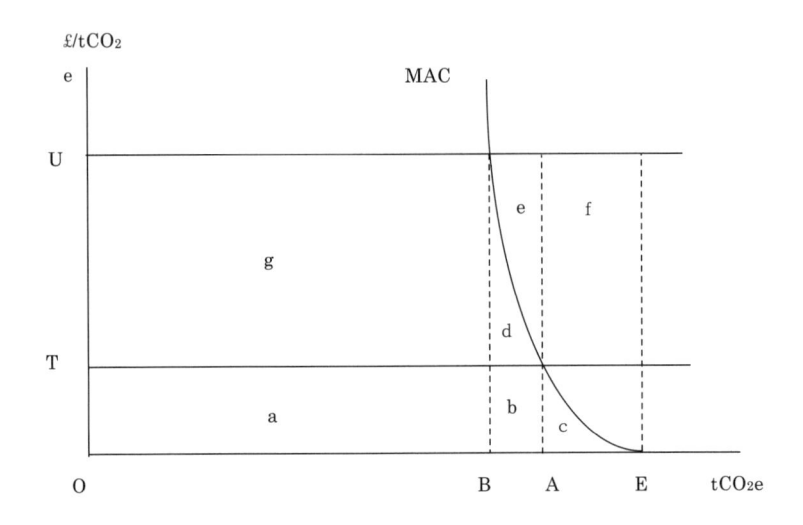

図5.7　税収中立型の課税と助成

もし課税のみで BE の削減を実現しようとすれば、税率は OU となり、被規制主体の全体としての費用負担は、b+c+d に加えて税支払額 a+g が追加される。現在の組合せでは、これと同じ環境効果を OT という低い税率で実現し、しかも企業の費用負担を b+c+d に抑えていることになる。明らかに、産業界の費用負担は大幅に削減され、低い税率 OT だけの場合よりも大幅な排出削減が可能になる。OU と OT の税率の差は、限界削減費用曲線の非線形性の程度と、必要な削減の程度に依存して決まる。わが国のように非線形性が強く、削減必要度が高い国では、両者の開きが大きくても不思議ではなく、逆にそのようなパッケージを採用することで気候変動政策の受容性を高められる程度も大きいと思われる[95]。

---

95)　安本皓信氏および西條辰義氏は、低率の炭素税では国内排出削減が進まず、京都議定書遵守のための不足分を海外から調達する政策は失敗すると批判している。安本皓信「自主行動計画の帰結と英国型制度での遵守の可能性」2001.09.06 (http://www.iser.osaka-u.ac.jp/~saijo/cd/2001/yasumoto09-06.pdf)、および西條辰義・安本皓信「広く薄い炭素税では失敗する：かえって増加する国民の負担」2002年6月 (http://www.iser.osaka-u.ac.jp/~saijo/cd/cdnew.html) 参照。両氏

中央環境審議会地球環境部会国内制度小委員会の報告書によれば、温室効果ガス排出削減技術を追加的削減費用の低いものから順にそれぞれの削減ポテンシャルまで採用することを続けた場合、限界削減費用が炭素換算トン当たり3万円の水準まで引き上げられると、削減ポテンシャルは、二酸化炭素換算で9,678万トン（炭素換算で2,639万トン）となる[96]。最近時の確定値が分かっている2000年の温室効果ガス総排出量は、二酸化炭素換算で13億2,097万トン（炭素換算で3億6,026万トン）であるから、これは7.3%の削減に相当する。図5.7で、OUを炭素トン当たり30,000円とし、BEを炭素換算で2,639万トンとしたとき、排出削減助成金と組み合わせた税収中立型の温暖化対策税率OTは、炭素トン当たり2,198円となる。つまり、炭素トン当たり2,000円程度の温暖化対策税と、排出削減炭素トンあたり28,000円程度の単位排出削減助成金を、小委員会の報告書に上げられた削減技術に支給することで、炭素トン当たり3万円の温暖化対策税と同じ約7%の排出削減を実現できることになる。これは、ボトムアップ型のAIMモデルのシミュレーション結果とも整合的である[97]。政府は、このような政策を組み込んだ気候変動政策パッケージの具体化の検討を進めるべきであろう。

　　　の議論では、単純な炭素税の適用と海外からの排出アラウアンス等の購入のみを政策手段と考えており、ここで論じているような他の政策手段との組合せを扱っていないので、低い税率での環境税が必ず失敗に帰するということを論証しているわけではない。
96)　中央環境審議会地球環境部会国内制度小委員会「中間とりまとめ」
　　　（http://www.env.go.jp/council/06earth/r062-01/）表4より算定。
97)　中央環境審議会地球環境部会「目標達成シナリオ小委員会」中間とりまとめ
　　　〈詳細版〉第VII章（http://www.env.go.jp/council/06earth/r062-01/）参照。

付録　英国の温室効果ガス排出量

表5.A1　英国の温室効果ガス排出量：1990-2000年（単位：二酸化炭素換算1,000トン）

	CO_2	CH_4	N_2O	HFC	PFC	SF_6	計
1990	583,705	76,535	67,873	11,374	2,281	724	742,492
1991	587,299	75,363	65,953	11,859	1,790	776	743,041
1992	572,975	73,556	59,103	12,346	959	833	719,771
1993	558,945	70,438	55,396	12,905	811	889	699,383
1994	555,933	63,926	59,779	13,814	980	1,064	695,493
1995	547,374	63,582	57,085	15,205	1,094	1,133	685,474
1996	566,961	62,153	59,119	16,290	905	1,270	706,699
1997	542,718	59,891	60,772	18,447	661	1,263	683,752
1998	545,116	57,195	57,967	20,183	652	1,485	682,597
1999	536,490	54,361	44,874	8,601	678	1,510	646,514
2000	542,743	50,960	43,878	9,316	668	1,540	649,106

出所：UNFCCC, Greenhouse Gases Inventory Data Base (http://ghg.unfccc.int/default1.htf?time=04%3A41%3A11+AM)

あとがき

[第2部第5章は、天野明弘、田中彰一著「英国気候変動政策の環境効果と費用負担」Working Paper No.26、関西学院大学総合政策学部、2002年11月を再録したものである]

第6章　政策パッケージによる費用負担軽減と環境目標の達成

要旨

　本章では、世界で初めて広範な参加者を対象とした温室効果ガス排出取引制度を含む、英国の気候変動政策の政策パッケージを理論的に分析し、日本国内政策への示唆を明らかにすることを目的としている。特に、英国の政策パッケージの中でも、気候変動税と自主協定の組み合わせ、および気候変動税と排出削減奨励金の組み合わせを中心として、それらが組み合わせられる根拠を理論的に分析する。そのことから、これらの組み合わせにより、①被規制主体の削減費用負担の軽減と、②より厳しい環境目標の達成の2つを同時に達成できることが明らかにされる。ひるがえってわが国のおかれている現状を概観すると、産業部門からの排出量が多いこと、産業界で温室効果ガス排出削減の自主取組みが行われていること、排出削減費用負担が大きいことなど、英国の政策を参考にできる共通点が多い。英国の気候変動政策の問題点にも配慮しながら、政策パッケージとして採択が可能な選択肢について考察する。

第1節　はじめに

　英国の気候変動政策は、気候変動税（Climate Change Levy）、気候変動協定（Climate Change Agreements）、排出取引制度（Emissions Trading）、排出削減奨励金（Financial incentives）等の複数の政策手法を巧みに組み合わせた政策パッケージとして実施されている。これは、気候変動政策として広範な参加主体を含む排出取引制度を世界に先駆けて導入するとともに、気候変動税、自主協定、排出削減奨励金などを巧みに組み合わせた取組みといえよう。京都議定書の第1約束期間開始を5年後に

控えて、わが国でも政府内の審議や「地球温暖化対策推進大綱」(環境省 2002b) などで、政策パッケージ導入の必要性が訴えられている。例えば、「中央環境審議会地球環境部会国内制度小委員会中間取りまとめ」資料2 (環境省 2001d, p. 36) では、「費用対効果を踏まえつつ、自主的取組、税・排出量取引等の経済的手法、規制的手法、環境投資など、有効と考えられるあらゆる政策手法を有機的に組み合わせるポリシーミックスにより対策を進めていくことが必要である」と述べられている。また、同資料 (環境省 2001d, p. 40) では、「協定／実行計画、国内排出量取引制度及び温室効果ガス税／課徴金といった政策の組み合わせが考えられる」とも述べられている。さらに、「地球温暖化対策推進大綱」(環境省 2002b、p. 65) でも、ポリシーミックスの活用を進める方向の議論がある。しかし、具体的な政策パッケージあるいはポリシーミックスの内容の議論は、これからである。その意味で、英国での政策パッケージの実践内容は、わが国にとって大きな参考となるであろう。

英国気候政策に関するわが国での先行研究としては、小川 (2001) が、英国の政策の仕組みを詳しく解説している。また、中島 (2002) では、英国の政策についての概要に加え、政策決定の過程が述べられている。IGES気候政策プロジェクト (2002) は、英国の政策のみを扱ったものではないが、日本国内政策への提言に英国の政策を参考にしている箇所が数多く見受けられる。しかしこれらの文献は、英国の政策パッケージの諸効果について理論的に考察したものではない。本章では英国の政策手法の組み合わせ (特に気候変動税と気候変動協定、気候変動税と排出削減奨励金の組み合わせ) が、規制を被る主体の削減費用軽減にどのような効果を与えるのか、さらにこの軽減が環境目標の達成にどのような効果を与えるのか、を理論的に明らかにする。そのうえで、日本国内の政策として、温室効果ガス排出削減自主取組みの温暖化防止協定への組換え、および低率の税と温室効果ガス排出削減奨励金の組み合わせの意義について考察する。

第2節　英国気候変動政策の概要

2.1. 英国気候変動政策の目的

英国では、1998年に英国産業連盟（CBI）より政府に提出されたマーシャル・レポート（Marshall, 1998）の中で、気候変動政策での経済的な手法の重要性が認識された。この中でマーシャル卿は、英国の産業界が競争力を失うことなく環境目標を達成することを産業界からの重要な提言として主張している。

1997年に合意された京都議定書によれば、英国のGHG[98]排出量の削減目標は、1990年レベル（基準量）より、8%削減することとなっている。さらに、EU[99]内の合意により、GHG排出削減目標は、1990年レベルより12.5%削減することと定められている。ところが、英国において政策が議論され始めた1996年には、産業部門のGHG排出量はすでに1990年の排出量より10%減っていた（Marshall, 1998, p.5）。これには、石油から天然ガスへの燃料転換の効果が1996年ごろから現れ始めたことが大きく寄与している（図6.1参照）。

こうした削減効果の現状に鑑み、英国環境省（DETR, 2000, p.7）では、2010年までに、1990年レベルよりGHG排出量を23%削減[100]できるであろうと予測している[101]。

マーシャル・レポートでは、既存の環境規制をうまく活用できる政策パッケージが、低炭素経済への移行を可能にするものだと主張している。さらに、英国環境省（DETR, 2001, p.5, pp.43-44）では、京都メカニズムが2008年に始動する前に、国内規模の排出取引制度を開始することで、気候変動政策のノウハウの蓄積が可能となり、便益が得られるとしている。将来

---

[98]　Greenhouse Gas（温室効果ガス）のこと。
[99]　京都議定書では、EU加盟国およびEU全体で、8%の削減義務を課せられている。
[100]　CO_2については、2010年までに1990年レベルより20%削減するものとしている。
[101]　1999年および2000年においては、GHG排出量は、それぞれ基準量より-13.3%、-12.9%となっている。天野・田中（2002, p.1）参照。

EU域内排出取引制度や京都メカニズムが動き始めた時に、この蓄積が、エネルギー効率の高い技術への投資機会の増加、英国金融市場の活性化などの面で有利に働くと見られるためである。英国環境省は、英国気候変動政策で用いられている経済的手法が英国企業の競争力を保つものであるとも述べている（DETR, 2000, pp.26-31）。

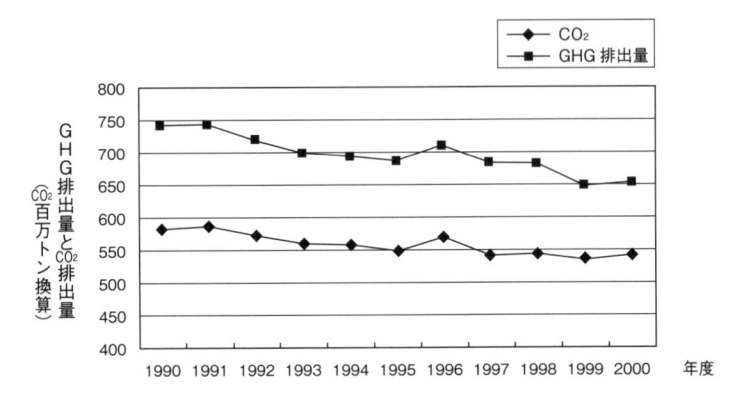

図6.1　英国のGHG排出量とCO₂排出量の推移（1990-2000）

出所：UNFCC, Greenhouse Gases Inventory Data Base を参考に作成
http://ghg.unfccc.int/default1.htf?time=04%3A09%3A40+AM

2.2. 気候変動税と気候変動協定

そうした流れの中、2001年4月より気候変動税がスタートした。この税は国内の産業部門（農業部門を含む）[102]、商業部門や公共部門の天然ガス、石炭、LPG、電力消費全てに下流課税という形で課せられている[103]。ただし、燃料石油には適用はされていない[104]。さらに、電力（発電）部

---

102) Marshall（1998）によると、産業部門は英国のCO₂排出量の40%を占める。
103) 気候変動税の税率は、ガス0.15p/kWh、石炭1.17p/kilogram、LPG0.96p/knogram、電気0.43p/kWhである。
104) 石油税が課税されているため。

門、家庭部門[105]、運輸部門、再生可能エネルギー部門は免税となっている[106]。この税の適用範囲は、英国内 CO_2 排出量の60％をカバーしている。また、気候変動税により年間10億ポンドの税収が見込まれているが、税収中立の原則により社会保障負担を0.3％切り下げ、太陽光発電・風力発電等の再生可能エネルギーや、エネルギー効率を促進する取組みに対してエネルギー基金（年間5千万ポンド）の設置、省エネルギー技術への投資に対する100％資本引当控除（2001/02年度の規模は約7千万ポンド）などに配分されている。

気候変動協定[107]は、税負担が重くなるエネルギー多消費型産業への配慮から盛り込まれた政策手法である[108]。この政策手法の導入は、2001年4月で気候変動税と同時期である。協定を政府と締結できるのは、IPPC（総合的汚染管理規制）というEUのエネルギー効率の改善を求める規制の対象となっている施設を持つ企業、業界団体等の主体である。これらの主体は、3つから成るオプションの一つを選択し[109]、政府と協定を締結する。このように、政府とこれらの主体がそれぞれ協定を締結することで、個々の締結主体の削減費用に配慮しながら厳しい環境目標を設定することが可能となった。さらに、目標を達成した締結主体は、気候変動税の80％の

---

105) 燃料石油への税の適用が行われない理由として、燃料貧乏問題（fuel poverty）があげられる。燃料貧乏問題とは、石油税等の税が燃料に等しく課税されると、強い逆進性の持つ税となってしまう問題を指す。冬の寒さの厳しい英国では、燃料への課税は深刻な問題である。
106) 園芸部門で使用される5年間分のエネルギーは、一時的に50％割引される（DEFRA, 2001b, p.1）。
107) 協定参加者の遵守期間としては、2年毎に1年間のマイルストーン期間と呼ばれるものがある。各主体の排出量はETA（排出取引機関）という第3者機関により厳しくモニタリングされる。協定参加者の不遵守が生じた場合、次期期間中に80％減税措置を受けることができない等の措置が待っている。DEFRA（2001a, p.23）参照。
108) 欧米諸国では、環境政策における自主協定は、ほとんどの場合厳しい直接規制や環境税を産業界が回避するため提案されることが多かった。
109) 協定のオプションは3つあり、オプション1-政府と業界団体との協定のみ、オプション2-政府と業界団体、政府と個別企業との協定との2段協定、オプション3-政府と業界団体、業界団体と個別企業との協定との2段協定がある。中島（2002, p.6）参照。

減税措置を受けることができるのである。この措置が気候変動協定への参加を促すであろう。

この気候変動協定では、政府はそれぞれの締結主体に、エネルギー効率改善と炭素節約の達成、費用効果的なエネルギー効率改善手段の実施を2010年までの目標として課している。また、2年ごとの短期目標も設定され、達成できなかった場合、気候変動税の減税措置が適用されなくなる（DEFRA, 2001b, p3）。税と自主協定の政策パッケージによって、2010年までに年間250万t-C（917万t-CO_2）の削減が見込まれている（中島, 2002）。

気候変動協定の参加者は、目標達成の手段として排出取引制度を利用することができる。つまり協定参加者は、目標達成に他者から排出許可証を購入し、使用することも可能なのである。排出取引制度の中で、参加者がエネルギー使用量または排出量を、政府より認証を受けた目標以下に削減すると、許可証を受け取ることができる（ベースライン・クレジット方式）[110]（DEFRA, 2001a, p.23）。逆に、協定目標の実現が難しくなった場合、他者から許可証を購入して協定の遵守に当てることができる。

2.3. 気候変動税と排出削減奨励金

英国の気候変動政策には、排出取引制度における排出削減目標（キャップ[111]）を自主的に設定する主体に対して、削減量に応じた排出削減奨励金を配分するオークション制度がある。気候変動協定参加者以外の、ほとんどの気候変動税の被規制主体は、2002年から開始された、この制度を通じて排出取引制度に参加し、削減を行うことができる。この参加者を直

---

[110] 通常はGHGガスの排出削減事業等を実施し、事業がなかった場合に比べたGHGガスの排出削減量をクレジットとして認定し、このクレジットを取引する制度を指す。ここでは、事業ベースに限らず、気候変動協定を締結した企業の活動全体が関連し、取得されたクレジットもアラウアンスと呼ばれている。

[111] 一般的には、キャップとは遵守期間の総排出量を制限することである。しかし、英国のスキームでは、直接参加者の遵守期間中の排出量に制限を設けることを指す。DEFRA（2001a, p. 53）参照。

接参加者と呼ぶ。オークションの手順[112]は以下のとおりである。まず、政府がCO_2削減量1トン当たりの奨励金（政府の削減購入価格）を提示する。それに対し個々の直接参加者が、自身の可能と思われる削減量（削減供給量）を応札する。政府の提示価格は、十分高い水準から開始されるので、当初は削減への誘因は強く、応札量は多い。政府は、あらかじめ用意しておいた予算の範囲内で購入可能な総削減量に応札量が収まるまで提示価格を引下げながら競売を続ける。価格は、最終的に clearing price と呼ばれる均衡価格に達して、総削減量と各参加者への奨励金給付額が決定される。年間支給額は、このオークションで決まった総支給額（5年分）を5で割ったものとなる。

　オークションで排出削減量が決まった直接参加者は、排出取引制度に参加することができる。直接参加者同士の排出取引はキャップ・アンド・トレード方式になっている。参加者は、遵守期間中に許可されている排出量と同じ量の許可証を、無償で受け取ることができる[113]（DEFRA, 2001a, p. 15）。参加者の削減費用負担は、気候変動税への支払いのみで削減を行うよりも負担が軽減される[114]。英国政府は、2002年から2006年までの5年間で排出削減奨励金の予算を2億1,500万ポンドと決定した。法人税を除くと、年間3千万ポンド（約57億円）が直接参加者に支給されることになる。2002年3月11-12日に行われたオークションでは、二酸化炭素換算トン当たり90ポンドから始め、9回目で均衡価格53.37ポンド/t-CO_2e（約1万円/t-CO_2e）、5年間の総排出削減量 4,028,176（二酸化炭素

---

112) オークションの手順について詳しい解説は、DEFRA（2002a, p. 2）参照。
113) 一般的にキャップ・アンド・トレードとは、排出枠を設定し、設定された主体の間で、許可証（アラウアンス）の一部の移転（又は獲得）を認める排出取引制度のことを指す。しかし、英国のスキームでは、直接参加者は削減量を自ら提示し、直接参加者の排出可能な量の許可証（アラウアンス）を受け取るので、英国政府が排出枠を設定するわけではない。許可証を受け取った主体は遵守期間中、許可証を自由に売買できるが、各遵守期間に続く調整期間末までに許可された排出量と等しい許可証を提出しなければならない。
114) 天野・田中（2002）参照。

換算) トンが決定された[115]。

　排出削減奨励金を受け取った主体の排出量には、キャップがかかっているので、削減目標は絶対量で定められている。気候変動協定から排出取引に参加する主体には、絶対量目標（絶対部門[116]）と相対量目標（相対部門）とがあり、後者は原単位で目標を設定している[117]。つまり、直接参加者は絶対部門に属していることになり、モニタリングを着実に実行[118]し、各主体が排出量を遵守すれば、数値ではっきりと示された当初の環境目標の達成を確保できることになる[119]。

第3節　政策パッケージにおける政策手法の組み合わせ

3.1. 気候変動税

　図6.2は、気候変動税の実施によって影響を受ける排出量の変化と、その排出量を削減するための費用負担の関係を示している。横軸は、CO_2の排出量を、縦軸は1トンのCO_2を削減する削減費用、つまり限界削減費用を表している。MAC（Marginal Abatement Cost）の限界排出削減費用曲線を持つある主体が、Eの点で排出しているとする。OTの税率で

---

[115] 実際に行われたオークションの詳しい解説については、DEFRA（2002b）参照。
[116] 英国のスキームでは、絶対部門とは、生産レベルに関係なく排出量上限を設定した、協定参加者や直接参加者が属する部門を指す。
[117] 英国のスキームでは、原単位で目標を設定している協定参加者が属す部門を、相対部門と呼ぶ。
[118] 直接参加者の不遵守の場合、奨励金が支払われない、次期遵守期間に割当てられる許可証数の削減（規定改正後には罰金）等の措置が待っている。
[119] さらに、英国のスキームでは独自のオプションとして、環境目標の達成を高めるために、絶対部門と相対部門の間に、ゲートウェイがある。ゲートウェイとは、相対部門の主体が絶対部門の主体と取引をする時に設けられているゲートである。相対部門の主体は、絶対部門の主体と取引する時に、ゲートウェイが開いているかを確認しなければならない。相対部門から絶対部門にネットの達成がなされても、生産量の増加等の理由により、排出量が増えてしまうことが起こりえるためである。OECD（2001, p.26）参照。英国では2008年以降、つまり京都メカニズムの始動と共にゲートウェイを封鎖するとしている。DETR（2001, p.26）参照。

気候変動税が課せられた場合、この主体は OE のベースライン排出量から ER の排出削減を行う。このとき、この主体の費用負担は削減費用 b と残存排出量に対する税支払額 a との合計、a+b となる。

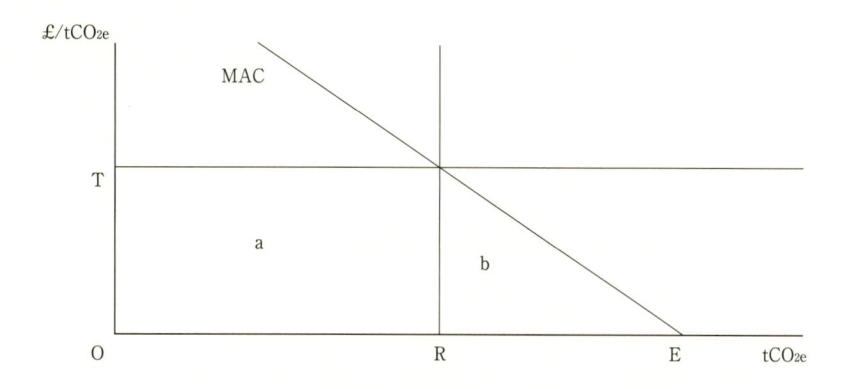

図 6.2　気候変動税のみが主体に課せられている場合

出所：天野・田中（2002、図1）

3.2. 気候変動税と気候変動協定の組み合わせ

図 6.3 は、気候変動税と気候変動協定が組み合わされた状態を示している。気候変動税の税率を OT_2 とすると、この主体は排出量を OE から OA に下げ、EA 分削減する。このとき、MAC の削減費用曲線を持つ主体の費用負担は、税支払額を含めて a+b+c+e である。しかし、気候変動協定の下で、政府とこの主体がさらに AR 分削減を行うことを協定で締結したとすると、目標達成時に80％の減税措置を受けることができる。このときの適用税率を OT_1 とすると、b は還付されるので、この主体の費用負担は、a+c+d+e となる。d<b であれば、税のみの場合より b−d だけ費用負担が少なく、しかも削減量は AR 分多いことになる。AR は、協定の目標を示すが、この目標を個々の主体の状況に応じて設定することになる。

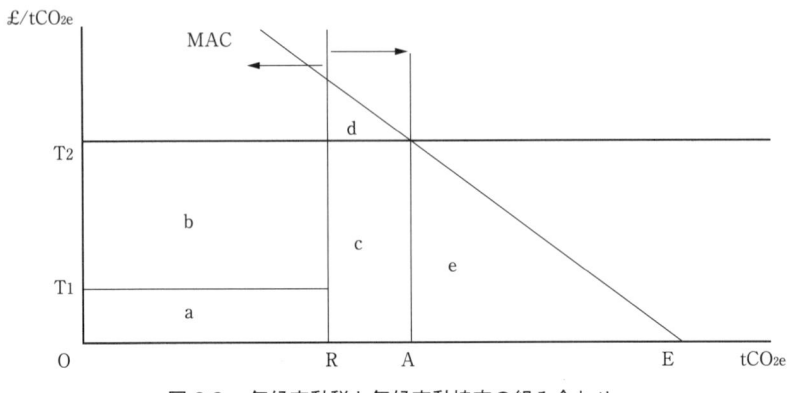

図6.3　気候変動税と気候変動協定の組み合わせ

出所：天野・田中（2002, 図2）

3.3. 気候変動税と排出削減奨励金の組み合わせ

図6.4は、税と奨励金を組み合わせた場合をシンプルに示したものである。MACの限界削減費用曲線を持つ主体が、税率OTの気候変動税を課せられているとする。この場合、Eの点で排出を行っていた主体は、EAの排出を削減するので、その場合の費用負担は税額aも含め、a+b+cである。これに加えて、TUの率の排出削減奨励金が与えられるとすれば、この主体は排出量をOBまで減らすであろう。このとき、奨励金はd+eであり、税負担額がbだけ減少するので、削減費用d+bを主体が負担してもeは主体の手元に残るからである。

削減奨励金の算定には、ベースラインが必要になる。上記の議論は、ベースライン排出量をOAとしているが、もしベースライン排出量がOEであれば（すなわち、税と奨励金が同時に導入される場合には）、奨励金の受取額がfだけ増加し、費用負担はさらに軽減される。いずれにしても、税と奨励金を組み合わせることで、被規制主体の負担を軽減しながら、同時に排出削減を厳しくすることができる。

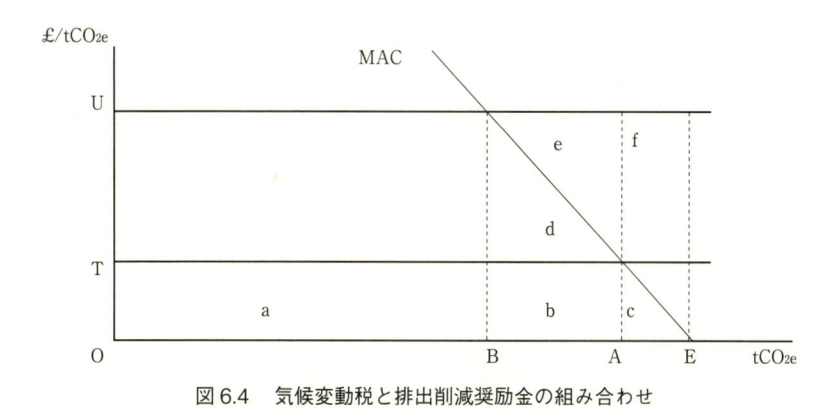

第6章 政策パッケージによる費用負担軽減と環境目標の達成　107

図6.4　気候変動税と排出削減奨励金の組み合わせ

出所：天野・田中（2002，図4）

第4節　英国気候変動政策の特徴と問題点

4.1.　英国気候変動政策の特徴と問題点

　本章では、英国気候変動政策の中でも気候変動税と気候変動協定、および気候変動税と排出削減奨励金の組み合わせを取りあげた。そして、これらの政策手法を組み合わせること[120]によって、被規制主体への負担を軽減しながら、環境目標の水準を高め得ることが明らかにされた。しかし、多くの政策手法をパッケージにすることによって起こる問題もある。

　英国の政策では、被規制主体の費用負担に配慮するために環境目標を犠牲にすることを避けようとして、様々な政策手法を組み合わせることで既存の手法や制度を取り入れようとしたため、全体の政策体系が複雑化して

---

[120]　英国気候変動政策における他の制度の組み合わせ（例えば、気候変動税・気候変動協定と排出取引制度、あるいは気候変動税・排出削減奨励金と排出取引制度）については、天野・田中（2002）を参照。

しまっていることは否めない[121]。本章の例で取りあげると、まず気候変動税と気候変動協定の組み合わせでは、複数の制度を採用したため、政策実施費用が多くかかっていると考えられる。また、気候変動税と排出削減奨励金の組み合わせでは、キャップ・アンド・トレード方式の排出取引制度の持つ数量型政策としての特徴、すなわち排出削減総量の確定化という面が、総量決定を奨励金のオークションに委ねるという間接的決定に置き換えられている。これは、環境目標の面での譲歩である。

しかし、これらの組み合わせによって、気候変動政策の政治的受容性を高め、環境目標の達成を他の手法よりも確保しやすくしている点は、評価すべきことであろう。

第5節　日本の現状

5.1. 日本のGHG排出量の推移

現在、わが国におけるGHG排出量は伸び続けている（図6.5）。京都議定書の削減コミットメントを達成する[122]には、1990年レベル以来さらに増加傾向にあるGHG排出量（例えば2000年のGHG排出量は、1990年より7%増）もプラスして考慮すると、約13%近く削減しなければならない

---

121) 小林・山本（2002, p.308）は、「パッケージ」の危険性として、①各政策手段は別々に管理上のいくつかの要求を持つため、汚染抑制に関連する公的機関の管理費を増やす。②汚染物質排出者にとっては、規制上の制約が非常に複雑になるため、遵守費用が増加する。③公的な意思決定は、おそらくそれぞれの政策手段が政府の異なる部署で執行されるため調整が必要であり、より複雑になる、などの点を挙げている。①と③に関しては、英国気候変動政策の場合、DEFRAという一つの組織で管理されているため、厳密には当てはまらない。政策実施の行政費用や遵守費用は、単純に政策手法の数が増えれば増加するというものではないが、政策パッケージの設計に際しては考慮すべき問題である。

122) わが国の温室効果ガス全体の基準年総排出量（日本は、CO_2、CH_4、N_2Oの3ガスの基準年は1990年、HFC、PHC、SF_6の3ガスの基準年は1995年としている）は、12億8,522万6千トン（UNFCCC Greenhouse Gases Inventory Date Baseより算定）である。京都議定書におけるわが国の6%削減約束を達成するためには、GHG総排出量を2008年から2012年の第1約束期間中、基準量より6%減である12億811万3千トン×5=60億4,056万5千トン以内に抑えなければならない。

ことになる。

図6.6によると、産業部門やエネルギー転換部門のCO₂排出量は、わが国のCO₂総排出量に対する大きな割合を占めている。よって、この部門で削減インセンティブが働かなければ、京都議定書の目標達成は難しいことがわかる。

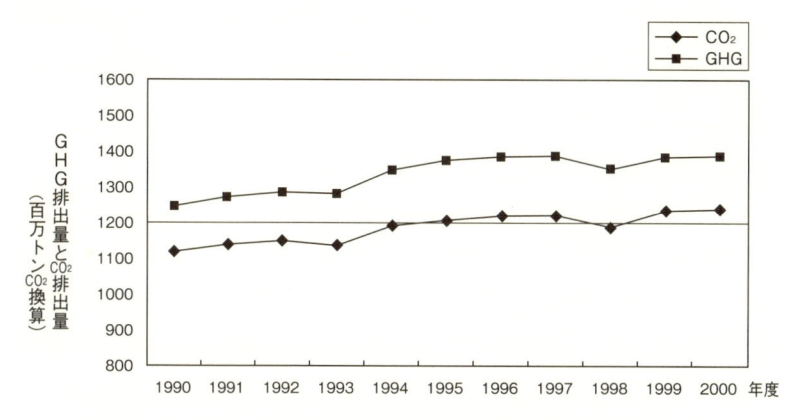

図6.5 日本におけるGHG排出量とCO₂排出量の推移（1900-2000）

出所：UNFCC, Greenhouse Gases Inventory Data Baseを参考に作成
http://ghg.unfccc.int/default1.htf?time=04%3A09%3A40+AM

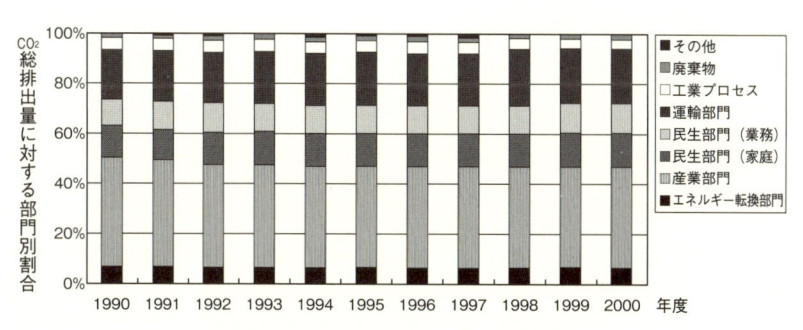

図6.6 わが国のCO₂総排出量に対する部門別CO₂排出量の割合（1900-2000）
各部門別CO2排出量は、直接の排出量を使用

出所：1990-1999年のデータは環境省（2002a, p.16）、2000年のデータは環境省（2002c, p.5）を参考に作成

5.2. 経団連環境自主行動計画

5.1で見たように、わが国では産業部門およびエネルギー転換部門のCO_2排出量は大きな割合を占めている。産業界では、1997年6月より経団連環境自主行動計画[123]が、日本経団連の呼びかけによって取り組まれている。2002年10月17日、日本経団連より発表された経団連環境自主行動計画第5回フォローアップでは、合計34業種が参加していると発表されている。また、これら34業種のCO_2排出量は、1990年度のわが国の産業部門およびエネルギー転換部門全体の約80.1%を占める非常に大きく重要な取組みとなっている（日本経済団体連合会、2002a）。

しかし、自主協定検討会報告書（環境省、2001a）は、次のような問題点を指摘している。それは、計画の全体削減目標が、2010年までに1990年レベルの排出量に戻すことにあり、産業界のこの目標設定では京都議定書の目標達成が難しいであろうこと（環境省、2001a, p. 7）、目標が達成されなかった場合の責任が明確でないこと、計画の着実な履行を確保、後押しするための仕組みが十分備わっていないこと（環境省、2001a, p. 22）等である。「中央環境審議会地球環境部会国内制度小委員会中間とりまとめ」（環境省、2001d）では、経団連環境自主行動計画について、企業の自主的取組みを積極的に評価することができると前置きした上で、企業の自主性を生かしつつも、その透明性・信頼性・実効性を一層高める措置を講じることが必要である、と述べている（環境省、2001d, p.21）。

このような問題に対する政府の対応として、「地球温暖化対策推進大綱」（環境省、2002b）では、現行対策として、行動計画を策定していない業種に対し、数値目標などの具体的な行動計画の早期策定を促していると述べている（環境省、2002b, p.15）。これは、経団連環境自主行動計画の産業界におけるカバーを広げることにより、削減を行う排出主体を増やし、目標達成に向けて努力を促していくものである。また、経団連第5回フォ

---

[123] 経団連環境自主行動計画とは、経団連の呼びかけに応え、36業種、137団体が地球温暖化、廃棄物対策等について環境改善目標を自主的に設定し、経団連が取りまとめたもの。

ローアップ結果によると、2002年7月に第三者評価委員会を設置したと発表している（日本経済団体連合会、2002b）。経団連では機関による認証・登録制度の導入を検討しており、今回の設置はこの流れを踏まえたものと考えられる。「地球温暖化対策推進大綱」（環境省、2002b, p.16）では、追加対策として、政府としても計画の透明性・信頼性の更なる向上を図るため、必要な支援を講じ、この認証・登録制度の円滑な導入を後押ししていくと述べている。

自主協定検討会報告書（環境省、2001a）は、自主取組みの信頼性・透明性・実効性の確保を図る観点から、次の節で述べるような、自主協定の活用を提言している。同報告書（環境省、2001a、第3章）では、自主的取組みを京都議定書における6％削減目標の達成手段のひとつとして位置づけるに当たっては、その「実効性の確保」が重要であるとしている。そのためには、多くの事業主体の参加を確保しつつ、厳しい環境目標の達成を設定できるような自主協定導入の検討が必要であることを述べている。

第6節　わが国の国内政策への示唆

6.1. わが国の国内政策への応用

現在、わが国では、政策プロセスのタイムテーブルでいえば第1ステージにあたる期間にあり、英国の政策が国内政策の設計に示唆するものは大きいといえよう。国内で行われている経団連環境自主行動計画は、前節で見たように削減へのインセティブが弱いため、環境目標の達成が困難な状態となっている。したがって、温暖化対策防止税の導入に伴い、環境自主行動計画を自主協定に発展させて省エネルギーや削減技術に投資を行う主体にクレジット等を与えるような制度を整えることにより、削減のインセティブを強化するとともに、フリーライダー問題の解決へ踏み出すことができるであろう。ただし、自主協定を実施し、それが税の還付を含むようなものになるのであれば、一般的に言われているように、排出取引制度で行われるようなレベルのモニタリングと履行確保の制度が必要である。

もう一つは、温暖化対策税制と排出削減奨励金の組み合わせへの示唆である。従来日本で行われてきた補助金は、技術開発や特定の技術の採択を対象とするものが多く、削減技術の費用効果的な選択に配慮したものは少ない。しかし、英国の政策で用いられた排出削減奨励金のオークションは、被規制主体が独自の判断で削減コスト（オプション）を選択し、削減量を提示できる方法をとっている。この方法により、個々の主体のもっとも費用効果的な削減対策に対する奨励金の配分が可能となっている。日本国内の政策においても、主体の削減技術選択の自由を考慮しながら排出削減奨励金を配分できる制度を考案していくことが重要であろう。

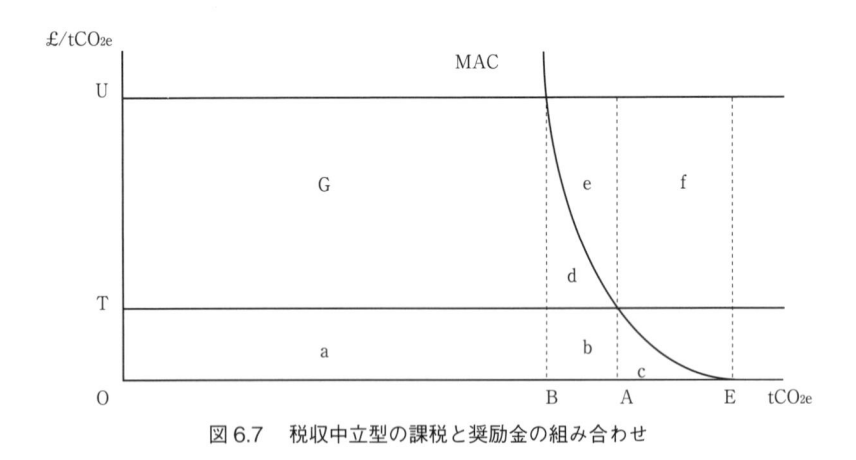

図6.7 税収中立型の課税と奨励金の組み合わせ

出所：天野・田中（2002, 図7）

図6.7において、横軸はCO_2排出量を、縦軸は1トンのCO_2排出削減にかかる削減費用を示している。日本の排出削減機会全体に関する限界削減費用曲線は、この図のMACのような非線形の形をしているといわれている。OTの税率で排出税が課され、同時にTUの率の単位排出削減奨励金が与えられるとする。排出税は奨励金と組み合わせて税収中立型になるように設計されるものとし、a=d+e+fとする。この場合、EBの削減を税

だけで行おうとすると、OUの税率が必要となるが、税収中立型の税・奨励金パッケージでは、OTの低い税率で同じ削減量を確保することができるのである。このとき、削減を行う主体の負担は、税額がa、削減費用がb+c+dである。しかし、主体のネットの負担額は、奨励金を差し引いたa+b+c+d－(d+e+f)＝a+b+c－(e+f)であるが、税収中立であるので実質としては、b+c+dであり、排出削減費用のみとなる。ここでも、低い税率の排出税と排出削減奨励金をうまく組み合わせると、被規制主体の費用負担軽減といっそう高い環境目標の達成を同時に実現できることがわかる。

「目標達成シナリオ小委員会中間取りまとめ」(環境省、2001c, p. 151)によれば、2010年時点でのCO_2排出量を1990年比で2％減するための限界費用(炭素税率)は、炭素1トン当たり約1万3,000～3万5,000円と試算されている。国立環境研究所のAIMモデルでは、3,000円/t-Cの炭素税を導入し、その税収を低コストの削減対策から順に温暖化対策技術の導入に充てれば、3万円/t-Cの炭素税を実施した場合と同じ削減効果が得られるとしている[124]。図6.7で示した政策手法の考え方は、まさにこの結論の根拠を明確にしたものということができる。

参考文献

天野明弘・田中彰一 (2002). 「英国気候変動政策の環境効果と費用負担」Working Paper No.26 関西学院大学総合政策学部.

DEFRA (2001a). "Framework for the UK Emissions Trading Scheme," August. (http://www.defra.gov.uk/environment/climatechange/trading/pdf/trading-full.pdf).

DEFRA (2001b). "Climate Change Levy-Background Information," Paper PP5 June7. (http://www.defra.gov.uk/).

---

[124] AIMモデルの詳細やベースラインシナリオについては、環境省 (2001c, pp. 145-154) 参照。

DEFRA (2002a). "UK Emissions Trading Scheme Auction Guidance," May 3.
(http://www.defra.gov.uk/environment/climatechange/trading/pdf/trading-auction_guidance.pdf).

DEFRA (2002b). "UK emissions trading scheme auction results: 11 – 12" March2002.
(http://www.defra.gov.uk/environment/climatechange/trading/auctionwin.htm).

DETR (2000). "Climate Change The UK Programme," November.
(http://www.defra.gov.uk/environment/climatechange/cm4913/pdf/section1.pdf).

DETR (2001). "Draft Framework Document for the UK Emissions Trading Scheme," May.
(http://www.defra.gov.uk/environment/climatechange/trading/draft/pdf/trading.pdf).

IGES気候政策プロジェクト (2002).「気候変動問題対応 日本国内政策措置ポートフォリオ提案」地球環境戦略研究機関．
(http://www.iges.or.jp/jp/cp/pdf/report5/zenbun.pdf).

環境省 (2001a).「自主協定報告書」自主協定検討会, June.
(http://www.env.go.jp/earth/report/hl3-02/0.pdf).

環境省 (2001b).「目標達成シナリオ小委員会中間とりまとめ」中央環境審議会地球環境部会 資料1-1, June.
(http://www.env.go.jp/council/06earth/r062-01/1.pdf).

環境省 (2001c).「目標達成シナリオ小委員会中間とりまとめ」中央環境審議会地球環境部会資料1-2, June.
(http://www.env.go.jp/council/06earth/r062-01/1.pdf).

環境省 (2001d).「中央環境審議会地球環境部会国内制度小委員会中間とりまとめ」資料2, July.
(http://www.env.go.jp/council/06earth/r061-01/01.pdf).

環境省 (2002a). 総合環境政策局編「環境統計集 平成14年版」.

環境省 (2002b).「地球温暖化対策推進大綱」地球温暖化対策推進本部 March.
(http://www.env.go.jp/earth/ondanka/taiko/all.pdf).

環境省 (2002c).「2000年度（平成12年度）の温室効果ガス排出量について」
(http://www.env.go.jp/earth/ondanka/ghg/2002ghg.pdf).

Lord Marshall (1998). "Economic instruments and the business use of

energy," November.
  (http://archive.treasuly.gov.uk/pub/html/prebudgetNOV98/marchall.pdf).
中島恵理 (2002).「英国における気候変動政策について」『環境研究』124:4-12.
日本経済団体連合会 (1997).「経団連環境自主行動計画の概要」June.
  (http://www.keidanren.or.jp/japanese/policy/pol133/outline.html).
日本経済団体連合会 (2002a).「環境自主行動計画第三者評価委員会について」
  (別紙3) July.
  (http://www.keidanren.or.jp/japanese/policy/2002/064/besshi3.html).
日本経済団体連合会 (2002b).「環境自主行動計画第5回フォローアップ結果
  について」December.
  (http://www.keidanren.or.jp/iapanese/policy/2002/064/gaiyo.html).
OECD (1999)."Implementing Domestic Tradable Permits for Environmental Protection." 小林節雄・山本壽 (訳)『環境保護と排出権取引』技術経済研究所, 2002.
OECD (2001)."Domestic Transferable Permits for Environmental Management," Paris.
OECD (2002)."Implementing Domestic Tradeable Permits," Paris.
小川順子 (2001).「英国における温室効果ガス排出権取引制度の枠組み」日本経済エネルギー研究所, September.
  (http://eneken.ieej.or.jp/data/old/pdf/0109_04.pdf).
田中彰一 (2001).「国内排出許可証取引制度の制度設計」関西学院大学大学院総合政策研究科2000年度修士論文.

あとがき

　本論考の作成にあたっては、天野明弘先生 (関西学院大学大学院総合政策研究科客員教授、財団法人地球環境戦略研究機関関西研究センター所長) に多くのコメントを頂いた。この場を借りて感謝の意を表したい。

　[第2部第6章は、田中彰一著「政策パッケージによる費用負担軽減と環境目標の達成」、KGS Review, March 2003 No. 2, pp. 1-13を再録したものである]
　[財団法人地球環境戦略研究機関関西研究センター所長は本論文が執筆された当時の役職である]

後記

　本書の著者である田中彰一さんは、ご父君の田中一行さんが前書きでお書きになっているように、2003年12月11日に急逝されました。当時、彰一さんは関西学院大学大学院総合政策研究科博士後期課程に在籍中でした。私は形式的に指導教員の立場にありましたが、彰一さんは実質的には博士前期課程に引き続き、同研究科名誉教授の天野明弘先生（現兵庫県立大学副学長）のご指導のもと、研究に日々没頭されていました。

　彰一さんが亡くなった日は、たまたま修士課程の演習が開かれる日でした。彰一さんは我々教員とともに後輩の研究に耳を傾けながら、彼らにアドバイスやサジェスチョンを与えるため、演習には毎回顔を出されており、すでに専門家としての風格を漂わせ始めていました。ふと、彰一さんが来ていないことに気づき、体調が悪い時には事前にE-mailで欠席を知らせるなど、律儀な彼にしては珍しいなと思った矢先、事務の方から悲報が伝わり、暗然としたのを今でも覚えております。

　彰一さんが逝った後、いくつかの論考が残されました。公表された順にあげれば、関西学院大学大学院総合政策研究科に提出された修士論文『国内排出許可証取引制度の制度設計』、天野先生とのご共著である「英国気候変動政策の環境効果と費用負担」（総合政策学部 Working Paper）、「政策パッケージによる費用負担と環境目標の達成」（総合政策研究科刊 "KGPS Review" 掲載）、「英国排出削減奨励金配分メカニズム」（天野明弘他編『持続可能社会構築のフロンティア』掲載）などです。本書は、これらの論考をベースにして天野先生が編纂されたものです。

本書について、その位置づけを簡単に記しておきたいと存じます。皆様もすでにご周知のことと存じますが、1997年京都で開催された地球温暖化防止京都会議（COP3）で議決された京都議定書は、2004年ロシア連邦の批准にともない、2005年2月16日に発効しました。この間、この議定書をめぐり様々な動きがあったことは記憶に新しいことと思います。彰一さんの研究は、この議定書の精神をどのように現実化するか、というリアルタイムでかつ現実の政策決定にも深く関わるエキサイティングなものでした。
　とくに本書でとりあげられている中心テーマは、議定書に謳われた温室効果ガス排出削減について、もっとも現実的な政策の一つとして注目を浴びている排出許可証取引制度でした。この制度は、許可証の発行によって環境や資源の見境もない利用を制限するとともに、その使用権を市場で取引することで遵守のための費用を削減することを目指しています。彰一さんが研究を進める中、英国やデンマークを中心に各国によってそれぞれ工夫をこらした制度設計が試みられ、欧州連合はもとより京都議定書の批准を拒んだアメリカ合衆国内の企業も含めて、国際的排出許可証取引制度の準備が進んでいます。
　研究を始めた当時、我が国では具体的な政策立案にも至っていなかったこの制度について、彰一さんがとくに目標としたのは、排出許可証の初期配分方法を検討することでした。それぞれの経済主体に許可証をどのように配分すべきか、これまでの実績を基準にして無償配分すべきか、あるいは競売（オークション）によるか等、それぞれの特性による得失を検討した上で制度設計しなければなりません。

本書に見られるように、彰一さんは主に英国での制度設計に焦点をあて、その特徴を分析するとともに、日本の経済・政治体制にもっとも適合した制度を検討しようとしてきました。京都議定書の発効にともない、我が国でも国内制度を創設して、第1約束期間での具体的な運用について検討しなければならない時期に来ています。彰一さんが倒れたのは、まさにその前夜、温室効果ガス削減をめぐる長い混迷あるいは模索の時期を過ぎ、これから具体的な方策に向けて進み出そうという時でした。

　本書に載せられた4編の論考に於いて追究してきた研究テーマは、著者の夭折によって著者自身の手によっては永遠に完成されることなく残されることになりました。時代の流れにリアルタイムで取り組もうとした若い学究の、あくまでも未完の仕事です。しかし、ここに上梓することで、彼の遺志を同学の士に伝えるとともに、彰一さんが最終目標としていた持続可能な発展の実現に向けて、現実の政策に少しでも資することができれば、著者として本望ではないかと祈念する次第です。

　最後に、本文中に言及されている方々の御所属等は、論執筆時のものであることを言い添えておきます。

高畑由起夫
関西学院大学総合政策学部

索　引

アルファベット

CER（認証済排出削減）　8, 29
COP3（気候変動に関する国際連合枠組条約第3回締約国会議）　3
COP6（気候変動に関する国際連合枠組条約第6回締約国会議）　3, 33
COP7（気候変動に関する国際連合枠組条約第7回締約国会議）　32, 37, 56
EPA　10, 13, 16
ERU（排出削減単位）　8, 24, 29
IPCC（気候変動に関する政府間パネル）　3, 52
ITQ（ニュージーランド個人取引可能数量割当）　12
NPDES（全米汚染物質放出排除制度）　13

あ行

アラウアンス　→許可証　8, 29-30, 47, 83-93
イオウ酸化物（SOx）　16-27
インベントリー　47, 53
オークション　6, 9, 44, 49, 68-77, 83, 89-92, 103
　——下降クロック型　69, 72-76, 90
　——SO_2の　19
オフセット　17-18, 56
オプト・イン　22
温室効果ガス　3, 7, 29-30, 37-40, 53, 66, 80-82, 97
（英国の）温室効果ガス排出量　96

か行

環境基本計画　43
環境税　4, 85
気候変動協定　66, 82-95, 97-108
（英国の）気候変動税　44, 65-69, 80-82, 85-95 97-108
議定書割当量　28
キャップ・アンド・トレード　7, 8-9, 28, 45, 57, 68, 92, 103, 108
　——SO_2の　18-19
吸収源　30-32, 33-37, 56
供給ベーストップダウン法　53-54
共同実施　7, 29, 30-31
京都議定書　6, 28, 36, 42, 66, 108
京都メカニズム　7, 28-37, 56,
許可証／排出許可証　4-9, 28-37
　——鉛の　10-12
　——漁獲の　12-13
　——排水の　13-14
　——リンの　15-16
　——SO_2の　16-27
グランドファーザリング　7, 9, 48, 85-86
　——漁獲の　13
　——SO_2の　19
クリーン開発メカニズム　7, 29, 31-33
経団連環境自主行動計画　40-43, 110-111
ゲートウェイ　45, 84
限界汚染削減費用　4-5, 9
限界削減費用／限界削減費用曲線　76, 89-95, 104-106, 112
　——リンの　15
原単位目標　45, 47
交付　7, 48-51
交付対象主体　7, 50

交付方法　　7, 48-51

さ行

サブトラクション　　7
（英国の）自主協定　→気候変動協定
　　80, 83-95, 97, 101-102, 105-108
遵守制度　　36
遵守期間　　4, 7, 46-47, 54-56, 68, 74, 103
消費ベーストップダウン法　　53-54
上流部門・下流部門　　7, 47-51, 56
制裁／制裁措置　　36, 55
税収中立　　67, 81, 94, 101, 112
絶対量目標　　45-47, 84, 104
相対取引　　6, 34
相対量目標　　84, 104
総排出枠　　7

た行

大気清浄法　　16-19
炭素税　　4, 6, 113
地球温暖化対策推進大綱　　40-43, 98, 110
窒素酸化物（NOx）　　16
調整期間　　7, 8, 13, 54-56, 83
ディロン貯水池　　15-16
点源・面原　　14-16
トラッキング／トラッキング／システム　　7, 52-55
　　──漁獲の　　13
　　──SO$_2$の　　24
取引所取引　　7

な行

ネッティング　　17

は行

（英国の）排出削減助成金／奨励金　　65-77, 81, 83-95, 97, 106-108
ハイブリッド　　7, 19, 46-55
バブル　　10, 17-18, 56
発行　　4, 7,
バンキング／バンキング制度　　44, 46, 84
　　──鉛の　　11
　　──SO$_2$の　　19-23
ベースライン＆クレジット　　8, 9, 29-31, 44, 67, 102
ホットエア　　29
ボローイング　　19

ま行

マーシャル・レポート　　66, 99
マッチング　　8, 24, 47, 54
マラケッシュ合意書　　28-29
モニタリング　　5, 8, 47, 52-55, 111
　　──鉛の　　11
　　──漁獲の　　12
　　──排水の　　14
　　──SO$_2$の　　24

や行

約束期間　　3, 8, 9, 29, 33, 36, 44, 97
　　──漁獲の　　13
　　──SO$_2$の　　22

ら行

レジストリー　　8, 26, 36, 46
レント　　51

著者略歴

田中彰一（たなか・しょういち）

1975年11月16日生まれ。
2000年3月　甲南大学経済学部卒業。
2000年4月　関西学院大学大学院総合政策研究科入学。
2002年3月　修士課程終了。修士（総合政策）。
2003年12月11日　博士課程在学中病没　28歳。

連絡先
〒666-0015
兵庫県川西市小花2丁目4-5-401
　　　　　田　中　一　行
Email : syou1116@circus.ocn.ne.jp

気候変動と国内排出許可証取引制度

2006年11月30日初版第一刷発行

著　者　　田中彰一

発行者　　山本栄一
発行所　　関西学院大学出版会
所在地　　〒662-0891　兵庫県西宮市上ケ原一番町1-155
電　話　　0798-53-5233

カバーデザイン・イラスト　打浪　純

印　刷　　協和印刷株式会社

©2006 Syoichi Tanaka
Printed in Japan by Kwansei Gakuin University Press
ISBN4-86283-003-X
乱丁・落丁本はお取り替えいたします。
本書の全部または一部を無断で複写・転載することを禁じます。
http://www.kwansei.ac.jp/press

2004年4月　関西学院大学神戸三田キャンパスに植樹された記念樹・しだれ桜